한 접시 요리
퇴근 후 —

한 접시 요리
퇴근 후

김수진

리얼북스

생각보다 쉬운 요리, 이왕이면 근사하게

밥하는 거 진짜 싫어, 치우는 것도 귀찮고!

혼자 고작 한 끼 먹을 건데 밥 짓고 국 끓이고 반찬까지 만들자니 차라리 사 먹는 게 낫지, 라고 생각한다면 당신은 정상이다. 사실 엄청 힘들고 귀찮은 일이지 않나. 장보고 다듬고 끓이고 볶고 찌고 담고 먹고 치우기까지, 적어도 세 시간 이상의 노동력이 드는 어마어마한 일이다. 밥을 해 먹는다는 것은 생각처럼 쉽지 않다. 먹고 나면 또 배고픈 것이 인간이므로 죽을 때까지 이 행동을 반복해야 한다니 오 마이 갓이다.

5년 동안 5천 번 밥상을 차려보니!

어른이 되기 전까지 밥은 엄마가 차려주는 거였고, 집에서 밥하는 사람은 나만 아니면 되었다. 그랬던 내가 결혼을 했다. 그것도 시집살이. 요즘에는 셰프 뺨치는 실력으로 근사한 바질페스토 파스타를 짜잔 하고 내오는 남편들도 있다지만, 20여 년 전에는 흔치 않은 일이었고 당연히 내게도 그런 행운은 찾아오지 않았다. 결혼하고 5년 동안은 정말이지 밥만 했다. 5년 동안 시부모님 드실 상을 끼니마다 차리는 것도 일이었지만, 하루 동안에도 세 끼 메뉴가 겹치지 않게 나름 머리를 써야 했다. 아니 조선 시대도 아니고 며느리가 부엌에서 하루 세 번 밥을 차리는 게 요즘 세상에 말이 되냐 싶지만 안타깝게도 나는 그랬다. 하지만 한 가지 좋은 점도 있었다. 덕분에 요리 실력이 많이 늘었다는 것.

5년 뒤 분가를 했다. 밥을 해야 한다는 의무감으로부터 해방되어서일까, 이젠 정말 요리를 하고 싶다는 생각이 들었다. '해야 한다'와 '하고 싶다'는 이렇게 다르다. 자발적으로 음식을 만들면서 요리하는 기쁨을 조금씩 알아갈 즈음 일도 다시 시작했다. 퇴근길에 가장 많이 했던 생각은 '오늘 저녁엔 뭐 해 먹지?'였다. 쉽게 만들 수 있고 치우기도 편한 메뉴를 떠올렸다. 설거지를 최소화할 수 있게 '원플레이팅'으로 끝내면서도 이왕이면 예쁘게 담아내었다.

오롯이, 나를 위한 요리!

가족들이 일터와 학교로 모두 떠난 오전 시간은 내가 가장 좋아하는 시간이었다. 나는 오후에 출근했기 때문에 혼자 브런치를 만들어 먹는 날도 많았다. 싱싱한 샐러드 조금, 허브 한 가닥 올린 계란프라이, 밀크잼 바른 토스트 한 조각으로 아침을 먹는 동안에는 오롯이 내 몸과 마음에 집중할 수 있었다. 마음은 차분해지고 고민거리들도 누그러졌다. 그때 알았다. 음식으로 위로를 받을 수 있다는 것을. 누군가를 붙잡고 나 이래서 힘들었고 저래서 속상했다고 말하지 않아도, 예쁘게 한 접시 차려 먹는 것만으로도 기분이 한결 나아졌다. 건강한 요리 한 접시는 내가 나를 아끼고 사랑해줄 수 있는 구체적이고도 기분 좋은 방법이었다.

그럼 이제 요리를 해볼까!

보기에도 좋고 맛도 좋은 원플레이팅 음식은 요즘 늘어나는 1인 가구에 더욱 필요해 보인다. 작지만 확실한 행복을 추구하는 사람들이 늘어나면서 취미활동만큼이나 한 끼 식사도 중요해졌다. 사실 예쁘고 맛있는 음식은 얼마든지 사 먹을 수 있다. 요즘 예쁜 카페와 힙한 레스토랑이 얼마나 많은가. 그러나 매번 식당이나 카페를 찾아 끼니를 해결할 수는 없다. 배달음식으로 때우는 것도 한계가 있고 사 먹는 비용도 무시할 수 없다. 이럴 때 집밥이 더 먹고 싶어진다. 그런데 차려줄 사람은 없고 혼자 먹어야 한다면? 어쩌겠는가, 간단하게라도 직접 만들어 먹는 수밖에. 이왕이면 집에서 내가 만든 음식으로 레스토랑 같은 분위기를 낼 수 있다면 좋지 않을까, 라는 생각에서 이 책은 출발했다. 해 먹자니 왠지 복잡하고 번거로운 과정을 거쳐야 할 것 같아 지레 포기하는 사람들을 위해 도움이 될 만한 요리 팁을 전해주고 싶었다. 퇴근길에 회사 근처 식당에서 대충 한 끼 때우는 거 말고, 회식 자리에서 술과 안주를 먹는 것 말고, 배달 앱으로 시켜 먹는 피자, 치킨, 족발 말고. 지친 마음을 녹여줄 건강하고 따뜻한 한 그릇을 먹어보자.

이렇게 쉬운 일이었다니!

이 책에서는 정량화된 레시피를 설명하지 않는다. 기껏해야 '몇 숟가락' 정도의 표현이 전부다. 여기서 숟가락이란 여러분이 매일 사용하는 그 숟가락이 맞다. 또한 '적당히, 조금만, 넉넉히'와 같은 애매모호한 단어를 사용하게 되어 독자들에게는 심심한 사과의 말씀을 미리 드린다. 몇 인분, 몇 테이블스푼, 몇 밀리리터, 몇 그램으로 딱 떨어지게 적을 수 있다면 너무 좋겠지만, 솔직하게 말하면 식재료의 영양정보나 정량을 정확하게 전달할 만한 능력이 못 된다. 더욱이 가장 주눅이 드는 것은 바로 SNS의 화려한 요리 세계를 접했을 때다. 비주얼과 소리까지 먹음직스럽게 담은 요리 동영상, 유명 레스토랑에서 올린 오늘의 요리, 각종 요리 클래스 정보와 참가 후기들, 친구나 연인과 먹은 것을 예쁘게 찍어 올리는 일상의 사진 등을 보면 내가 과연 요리책을 써도 되는지 자신이 없다. 때문에 단순히 요리를 좋아한다는 것만으로 레시피를 끄적이고 있는 이 상황이 말도 안 되게 머쓱하지만 그래도 나의 경험에 공감해 줄 독자들이 있을 거라는 생각에 용기를 냈다.

독자들이 공감할만한 포인트를 조심스럽게 예상해 보자면 바로 이런 것이다. 계량도구나 조리도구가 마땅치 않아서 설명대로 따라만들 수 없거나, 한 끼 해먹자고 장보러 가는 것이 번거롭거나, 혹은 어디서 파는지 모르거나, 재료를 찾았어도 그게 맞는 건지 모르거나, 내가 하면 어차피 맛없을 것 같다고 생각하거나, 남는 재료는 어떻게 응용해서 먹을지 감이 잘 오지 않는 경우다. 예컨대 밀가루 200g, 우유 180ml, 소금 1/2t, 베이킹소다 1t를 넣으라는 레시피를 보았다고 하자. 우유 180ml는 도대체 얼마 만큼인지도 모르겠고, 베이킹소다를 마트에서 찾는데도 시간이 걸렸는데 한 봉지를 사서 1t를 쓰고 나면 나머지를 언제 다 쓸지도 막막하고, 어쩌다 한번 성공했다 해도 다음번에 또 만들려면 책을 또 찾아봐야 하는 문제가 생긴다. 저 숫자들을 어떻게 다 기억하란 말인가. 결국 요리책에 나온 정량 레시피를 따르느라 요리과정을 재미있게 즐길 수 없기 때문에 요리는 할 때마다 복잡하고 어려운 것이다. 레시피를 안 보고도 그냥 막 해보려는 마음이 들어야 하는데, 그러려면 요리가 만만하다는 생각이 들어야 한다.

나도 유명하다는 황금 레시피를 검색하거나 잡지를 보고 따라 해 본 적이 있다. 그런데 사진 속 음식의 맛을 우리가 정확히 알 수가 있나? 맛이 있는지? 그냥 사진일 뿐이다. 먹음직스러운 요리 사진을 연출하기 위해 익히지 않은 식재료로 장식을 할 때도 있다. 결국 침샘이 폭발하는 것은 사진 속 음식을 먹고 싶다는 생각에서 기인한다. 그렇다면 스스로 자주 해 먹어 보는 수밖에 없다. 이왕 하는 거 예쁘게 플레이팅 하면 더 좋고. 어차피 내 음식을 평가하는 사람은 없다. 내가 만든 음식이 조금 부족하더라도 눈치 볼 일 없고, 실패해도 전혀 상관없다. 마음의 부담이 없어야 요리가 즐거워지는 법. 누가 아는가, 기가 차게 맛있는 음식 몇 가지를 만들게 되는 날이 올지도. 혹시 요리 경험이 쌓여 친구를 집에 초대하고 싶어지는 날이 오면 이때는 자신 있는 메뉴 몇 가지만 차려내면 된다.

이 책은 전문가도 아니고 흔한 요리 수업도 받아본 적 없는 평범한 일반인이 그저 구하기 쉬운 식재료로 집에서 편히 만들되, 그럴싸해 보이고 만들기도 간단한 요리를 소개하는 데 의미를 두었다. 독자들의 요리 감각을 깨워서 스스로 자주 해먹을 수 있는 동기를 드릴 수 있으면 그것으로 족하다.

"한 접시 요리, 이렇게 쉬울 수가"
요리하는 당신의 모습을 상상하며 오늘도 웃습니다.

김수진

퇴근 후 ,
한 접시 요리

Episode 00

요리를, 시작하기 전에

Episode 01

오롯이, 혼자

Episode 02

맘껏, 기분내는

Episode 03

든든한 한 끼

퇴근 후,
코스 요리

코스 요리 즐기기!

본문에 소개된 요리를 조합해

나만의 코스 요리로 즐기세요!

코스 01

코스 02

코스 03

코스 04

코스 05

코스 06

요리를, 시작하기 전에

기본 조리 도구, 필수 양념, 재료의 손질법 등 요리를 시작하기 전에 알아두면 좋은 것이 몇 가지 있다. 누구나 알고는 있지만 해보기 전에는 서툴기 마련이다. 처음부터 잘하는 사람은 없다. 용도별 조리 도구에 익숙해지고 이것으로 재료를 다듬고 보관하는 것만 잘해도 요리가 한결 수월해진다.

01 요리의 품격, 허브

허브는 각종 요리에 향을 더해주고 고급스러운 플레이팅을 돕는 음식 재료다. 루콜라, 바질, 딜, 로즈메리, 애플민트, 파슬리 등이 있다. 동네마트에서는 구하기 어렵고 대형마트나 모바일 장보기로 구매할 수 있다. 소량 포장되어 나오기 때문에 마르지 않게 비닐에 담아 냉장 보관하면 필요할 때마다 한 가닥씩 꺼내어 쓰기 좋다.

02 맛이 좋아지는 레몬

소금과 통후추만큼이나 음식의 맛을 끌어올리는데 중요한 재료다. 특히 버터나 오일이 들어간 풍미 짙은 음식, 상큼한 맛을 내는 샐러드, 생선과 고기 요리 등에 두루 쓰인다. 조각으로 썰어서 음식 옆에 장식했다가 먹기 직전 짜서 고루 뿌리면 좋다. 레몬을 구할 수 없을 때는 시판 레몬즙이나 라임즙을 냉장고에 넣어두고 사용해도 괜찮다.

03 엑스트라 버진, 올리브유

샐러드용 소스나 볶음용 등으로 두루두루 사용할 수 있다. 조리하지 않고 바로 먹는 드레싱이나 생식용으로 사용할 경우에는 '엑스트라 버진'이라고 적힌 것 중에서 스페인산, 혹은 이탈리아산 유기농 제품을 고르자. 튀김용 기름은 올리브유 대신 발연점이 높고 가격도 저렴한 식용유, 포도씨유, 캐놀라유 등을 쓰도록 한다.

04 새콤달콤, 발사믹 글레이즈

발사믹 식초에 단맛을 가미해서 졸여낸 소스이다. 새콤달콤하지만 가볍지 않은 맛으로 샐러드에 뿌려 먹으면 좋다. 특히 크리미한 질감 때문에 소스를 뿌린 모양이 잘 유지되므로 접시 위에 점을 찍거나 그림을 그리듯 플레이팅할 때 유용하다.

05 두루두루 편한, 고기용 참소스

고깃집에 가면 접시에 양파채가 제공되는데, 접시 안에 담긴 간장소스가 바로 '고기용 참소스'다. 간장, 식초, 설탕이 적절히 배합되어 있어 짜지 않으면서 상큼하고 감칠맛이 돈다. 워낙 맛있다 보니 판매용으로 나오게 되었다. 마트에서도 손쉽게 구할 수 있으며 이 책에서도 각종 고기 요리에 종종 등장한다.

06 통 안에 담긴 것을 쓰자, 소금

이 책에 소개된 요리에 쓰인 소금은 한 종류다. 원통형 용기에 들어있는 고운 소금. 뚜껑에 촘촘한 구멍이 있는 것을 사용하면 손가락에 소금을 묻힐 일이 없어 편하다. 손목의 스냅을 이용해 톡톡 치면 끝. 인간적으로 김장용 굵은 소금은 쓰지 말자. 라벨에 '고운 소금'이나 '구운 소금' 등이 적혀있는 것을 고르자.

07 즉석에서 신선하게, 통후추

이 책에 소개된 대부분 요리에 통후추가 빠지지 않는다. 요즘엔 뚜껑에 그라인더가 장착된 통후추를 많이 팔기 때문에 따로 그라인더를 살 필요가 없다. 요리를 하면 할수록 마지막에 뿌리는 후추가 음식의 맛을 좌우한다는 생각을 많이 한다. 후추 없이 먹을 때, 가루후추를 쓸 때, 통후추를 바로바로 갈아서 쓸 때 맛의 차이가 분명히 있다.

08 갈아 쓰는 하드치즈, 파르메산

보통 파르메산 치즈라고 한다. 배달 피자에 함께 오는 치즈 가루를 말하기도 하지만, 레스토랑에서 샐러드를 주문하면 채소 위 눈꽃처럼 하얗게 뿌려진 치즈가 파르메산이다. 샐러드, 파스타, 고기 등의 요리 위에 갈아서 뿌리면 풍미가 살아난다. 보통 삼각형 모양의 딱딱한 덩어리 형태로 판매된다. 작은 그레이터를 사다 놓으면 그때그때 치즈를 갈아 쓸 수 있어서 유용하다.

09 존재감을 살린다, 슈가파우더

맛에 큰 영향을 주지는 않지만, 디저트의 존재감을 두 배로 올려주는 플레이팅 주역이다. 마트에 가면 살 수 있다. 구멍 송송 뚫린 거름체가 장착되어 있어서 그냥 솔솔 뿌려주기만 하면 끝. 친구인 초코파우더도 있다. 접시의 컬러와 디저트의 조화를 고려해 슈가파우더와 초코파우더를 적절하게 사용하면 먹음직스러운 플레이팅을 할 수 있다.

10 한 조각씩, 조리용 버터 보관

마트에 가면 벽돌 모양으로 덩어리째 판매하는 버터를 볼 수 있다. 주로 스테이크나 새우 또는 채소를 구울 때, 파스타 소스, 영양밥, 김치볶음밥을 만들거나 빵에 적실 달걀물 등 요리과정에서 풍미를 돋우는 용도로 사용한다. 매번 잘라서 쓰면 번거로우니 미리 손가락 한 마디 크기 정도로 깍둑썰기해서 납작한 용기에 넣어 냉장 보관한다. 필요할 때 한 조각씩 집어쓰기 좋다.

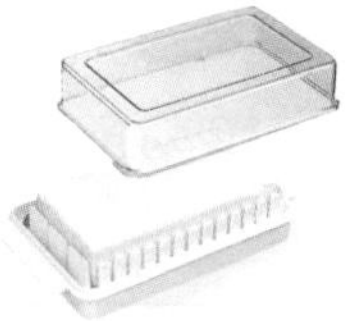

skater 버터커터기
(주)스케이터코리아

11 한 번에 간편하게, 감자 필러

집에 하나쯤 가지고 있는 감자 필러는 껍질 벗길 때만 사용하는 것이 아니다. 당근, 우엉, 양파 등을 얇게 저미거나 채를 칠 때 사용하면 꽤 편리하다. 요즘 다양한 용도의 필러들이 나오지만 가장 기본적인 이것 하나로도 아주 얇게 재료를 손질할 수 있다.

kai select100 필러
(주)HKOREA

12 신선한 샐러드엔, 채소탈수기

채소의 수분을 제거하는데 효과적인 도구로 '스피너'라고도 부른다. 샐러드 채소는 물기를 잘 털어주어야 숨이 죽지 않으면서 소스가 묽어지지 않는다. 없으면 지퍼백 바닥에 키친타월을 깔고 채소를 넣어 흔들어주는데 너무 귀찮지 않은가? 저렴하게 살 수 있다. 꼭 사라는 말로 들리겠지만, 사실 맞다. 다양한 샐러드를 만들어 먹으려면 사자.

HICKEIS 채소탈수기
(주)히키스

13 아보카도 손질하기

후숙해서 먹는 재료로 실온에 1~2일 두면 점점 색이 짙어지면서 물렁물렁해진다. 기호에 따라 단단한 과육을 좋아하는 사람도 있으니 후숙 정도를 조절한다. 보통은 주먹 하나 정도 크기의 캘리포니아산 아보카도가 동남아산보다 질이 좋다. 아보카도는 중앙에 크고 단단한 씨가 있어서 단박에 칼로 반을 가를 수 없다. 씨가 닿는 곳까지 칼을 넣어 한 바퀴 빙 돌린다. 그다음 두 손으로 잡고 비틀어 반반씩 분리한다. 잘 익은 아보카도는 부드러워서 손바닥에 올려놓고 살살 비틀어주면 씨가 잘 빠지지만, 단단한 과육이라면 씨를 칼로 찍어서 빼내거나 숟가락으로 살살 돌려 뺀다. 씨를 빼는 과정에서 과육이 뭉그러지기도 하는데 그러면 좀 어떤가. 뭉그러질수록 부드럽다는 것이고, 부드러울수록 잘 익고 맛있다는 거다. 썰기 어려울 만큼 부드러우면 아예 으깨 버리는 것도 방법이다.

오롯이, 혼자

h o n b a b

세상에 나보다 중요한 사람은 없다. 일단 나부터 챙기고 볼 일이다. 이때 가장 좋은 방법은 내 몸에 좋은 음식을 먹는 것이다. 신선하고 건강한 한 끼로 오롯이 나만을 위한 '예쁜' 한 접시를 차려보자. 생각보다 만들기 쉬워서 깜짝 놀라거나, 이제껏 왜 대충 차려 먹었지 억울하거나, 둘 중 하나일 것이다.

아이스크림을 올린 호떡

hotteok with ice cream

'윤식당'이라는 TV 프로그램에서 외국인들에게 호떡에 아이스크림을 곁들여 디저트로 내는 장면을 본 적이 있다.
손님들은 접시에 담겨 나온 호떡을 스테이크 썰듯 칼로 잘라, 한 조각 입에 넣고 미소 가득 고개를 끄덕였다. 종이컵에 담아 호호 불어 베어 먹던 길거리 국민 간식 '호떡'이 근사한 외국 레스토랑의 디저트로 바뀌는 순간 담음새만으로 이렇게 분위기가 달라질 수 있구나, 감탄하던 순간을 기억한다.

그렇다면 나도 집에서 칼질해 먹어볼까. 요즘엔 시판 호떡 믹스도 잘 나오니 맛이야 좋을 것이고, 설령 맛이 없더라도 아이스크림을 곁들이면 평타는 치겠다 싶었다. 반죽 안에 견과류를 듬뿍 넣으면 나름 건강한 홈메이드 요리라는 프리미엄까지 붙을 테니 해봄 직하다.
따뜻한 호떡과 차가운 아이스크림을 함께 먹으면 어떤 조화일까? 그 맛이 궁금하다면 호떡 믹스 상자를 뜯어보자.

재료 : 호떡믹스세트(호떡 믹스 1봉, 꿀믹스 1봉, 이스트 1봉), 견과류 조금, 감말랭이 조금, 식용유, 아이스크림 1숟가락, 새싹채소 약간

01 시판용 호떡 믹스에 적혀있는 설명대로 호떡 믹스 1봉에 이스트 1봉과 물 200mL를 넣고 반죽한다. 실리콘 주걱을 사용하면 그릇에 묻은 반죽을 말끔히 긁어 사용할 수 있다.

02 꿀 믹스 1봉에 견과류와 감말랭이를 잘게 잘라 섞어 호떡소를 만든다. 곶감, 건포도 등 건과일이 집에 있다면 이것도 함께 넣어보자. 물이 생기지 않는 재료라면 무엇이든지 호떡소의 스페셜 주인공이 될 수 있다. 너무 달 것 같으면 꿀 믹스를 적당히 덜어내고 사용한다.

03 비닐장갑을 양손에 끼고 식용유 한 방울을 손바닥에 떨어뜨려 비빈 다음 반죽을 떼어내 손바닥 위에 올리고 납작하게 편다. 손바닥 안에 펴질 정도의 양이면 된다. 반죽 위에 호떡소를 적당량 올리고, 가장자리부터 오므려 동그랗게 모양을 잡는다.

04 달군 팬에 기름을 넉넉히 두르고 중간 불에 호떡을 올린다. 노릇하게 익으면 뒤집개로 천천히 눌러서 소가 터져 나오지 않게 한다. 설탕이나 꿀은 팬에 눌어붙기 쉽고 설거지하기도 힘들어지니 애초에 안 터지게 하는 게 관건이다.

05 납작하고 넓은 접시에 호떡을 올리고 숟가락으로 아이스크림을 크게 푹 떠서 호떡 위에 올린다. 대충 떠서 퍽 올리는 것보다는 숟가락 두 개를 이용해 왔다 갔다 옮기면서 타원형으로 모양을 잡아 올리면 보기에도 좋다. 단, 다 녹아내리기 전에 빠른 손놀림이 필수다.

06 마지막으로 새싹채소나 허브 등 장식용 푸른 채소를 살짝 얹는다. 초코시럽이나 슈가파우더를 뿌려도 좋고, 과자가 있다면 부수어서 뿌려도 좋다. 물론 남은 견과류를 곁들여도 훌륭하다.

달콤한 색, 브라우니

brownie

요리를 하다 보면 하얀 접시를 캔버스 삼아 장난을 치고 싶을 때가 있다.

기억 속의 한 장면이 떠오른다. '햇살 좋은 주말 오전, 어린이 요리 교실 친구들이 귀여운 앞치마를 메고 옹기종기 모여 서서 두 손을 꼼지락거린다. 빵, 쿠키, 생크림, 잼, 과일을 접시에 담아 꾸미는 중이다. 고사리손들이 만들어낸 알록달록한 접시 위에는 상상력 가득한 스토리가 담겨 있다. 한 아이가 쿠키 하나를 집어서 입에 넣고 오물오물하다가 두 눈을 갑자기 크게 뜬다. 자연스럽게 눈썹도 올라가고 어깨도 으쓱 올라간다. 이번엔 하나를 집어 친구 입에 넣어준다. 맛있지? 와 진짜 맛있다. 와구와구. 꺄르르르. 그러다가 다 먹지도 않고 주섬주섬 포장하기 시작한다. 물으니, 엄마 갖다 줄 거라고.'

햇빛이 부서져서 거실 깊숙이 들어온 날, 가끔은 아이들의 꼬물꼬물한 손과 맑은 웃음이 생각난다. 이내 손장난을 치고 싶어져서 만들게 된 브라우니 한 접시. 어느새 하얀 접시를 달콤한 색으로 물들이고 있다.

재료 : 브라우니 믹스 1봉, 견과류, 슈가파우더, 제철 과일(파인애플, 키위, 무화과, 딸기 등)

01 시판용 브라우니 믹스의 포장 상자에 적혀있는 방법대로, 믹스 1봉에 물 55mL를 넣고 골고루 저으면 되직한 반죽 상태가 된다. 물 대신 우유를 넣어도 좋다. 브라우니를 더욱더 쫀득하게 먹고 싶다면 물의 양을 조금 더 줄인다. 50mL 정도의 양이면 얼마나 될까? 어릴 때 우유 급식을 생각해보자. 우유 한 팩이 200mL 정도니 4분의 1 정도다. 물을 이렇게 조금 넣는데 반죽이 될까 싶겠지만, 충분히 된다.

02 바닥이 넓적하고 깊이가 얕은 전자레인지용 용기에 랩을 깐다. 여기에 올리브유를 한 방울 떨어뜨려 코팅하듯 얇게 바른 뒤에, 실리콘 주걱으로 반죽을 말끔히 긁어가며 붓는다. 이렇게 하면 나중에 브라우니를 깔끔하게 쏙 빼내기 쉽다.

03 반죽 위에 각종 견과류를 올려서 잘 박히게끔 꾹꾹 누른다. 브라우니 믹스는 자체로도 많이 달기 때문에 나는 일부러라도 견과류를 많이 넣는 편이다.

04 용기를 랩으로 커버한 뒤 포크로 구멍을 여러 곳 뚫고 전자레인지에서 3분 30초~4분간 돌린다. 꺼냈을 때 반죽이 부풀어 오른 것을 볼 수 있다. 견과류를 올렸기 때문에 여기저기 표면이 울퉁불퉁 올라오므로 뜨거운 상태일 때 숟가락 바닥으로 표면을 고르게 누르고 문지른다.

05 이제 냉장고에 넣어 1시간 이상 식힌다. 뜨거운 상태에서는 쫀득한 식감을 기대할 수 없고 잘 썰리지도 않는다. 차게 식힐수록 브라우니의 맛이 좋고 깔끔하게 절단되니 적어도 1시간은 기다리자.

06 냉장고에서 꺼낸 브라우니를 랩째 번쩍 들어서 도마에 올리고 랩을 제거한다. 처음에 랩 위에 올리브유를 발라놓았기 때문에 잘 떨어질 것이다. 이젠 먹기 좋게 썰어보자. 네모로도 세모로도 크게도 작게도. 단 견과류가 맨 위에 박혀있으니 처음부터 으깨듯 칼로 누르면 안 되고, 김밥 썰 듯 가볍게 자른다.

07 접시 위에 브라우니 조각을 올리고, 주변에 제철 과일을 장식한다. 알록달록한 과일을 조금씩 준비해서 다양한 색감을 내도 좋고, 한 가지 과일만 곁들여서 분위기 있는 플레이팅을 연출해도 좋다. 과일도 작게 잘라 뿌려보면서 놀이하듯 장식해보자.

08 마지막으로 슈가파우더를 톡톡 뿌려내면 그럴싸한 브라우니 완성이다.

아보카도 브루스케타

avocado bruschetta

예전에는 바나나가 정말 비싼 수입 과일이었다.
큰맘 먹고 한 개를 사서 셋이 나누어 먹어야 하는 귀한 과일. 바나나에 이어 망고가 그랬고 아보카도가 그랬다. 퓨전 열풍이 불면서 김밥 비슷한 캘리포니아롤이라는 것이 등장했을 때, 그 위에 올려진 연둣빛 아보카도는 설명하기 힘든 맛이 났다. 새콤하거나 달콤한 과일에 익숙해져 있던 내게 아보카도는 네 맛도 내 맛도 아니었을 뿐 아니라, 물컹하고 느끼한 데다가 비싸기까지 했으니 일찌감치 관심 밖으로 밀어냈던 요리 재료다.
언제부턴가 아보카도가 좋아졌다. 질리지 않는 맛은 여러 음식과 조화를 이루기에 적당하고, 부드러운 식감과 빛깔은 음식을 더욱 돋보이게 해준다고 할까. 나이가 들수록 아보카도 같은 사람이 되고 싶다는 생각을 한다. 함께 있어도 질리지 않고 은근하게 편안함을 주는 그런 사람. 유행 따라 세월 따라 입맛도 안목도 변한 것일까? 아무튼 아보카도를 넣은 음식은 다 맛있다.

재료 : 아보카도 1개, 빵 2조각, 무염 버터, 레몬 한 조각, 타임 한 줄기, 올리브유, 소금, 통후추

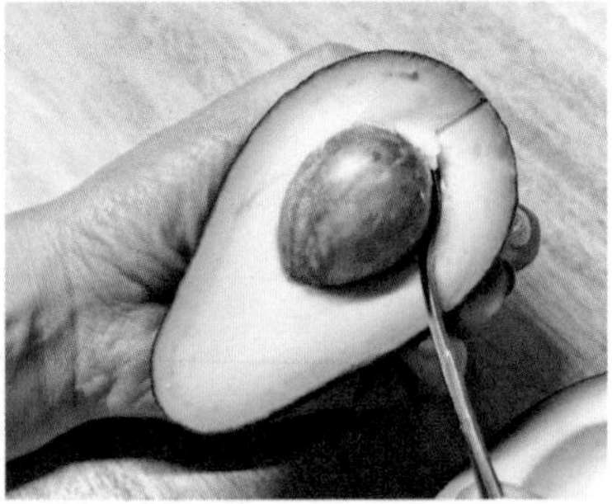

01 달지 않은 식사 빵을 준비한다. 호밀빵, 바게트, 치아바타 등이 적당하다. 빵 속에 견과류나 건베리류가 들어간 것을 좋아한다면 고민하지 말고 사용하길. 가끔 씹히는 베리의 단맛도 신선하고 좋다.

02 빵 위에 버터를 바른다. 개인적으로는 무염 버터를 듬뿍 바르는 걸 좋아한다. 버터는 한 번 먹을 양으로 낱개 포장된 것이 사용하기 좋다. 호텔 조식이나 뷔페에 가면 집어오는 그것 말이다. 실온에 두어야 잘 발리니 실온 보관 가능한 무염 버터를 사용하자. 버터가 없다면 부드럽게 발리는 에멘탈 치즈나 크림치즈를 사용해도 좋다. 또는 버터와 치즈를 모두 발라도 좋다.

03 아보카도의 씨를 빼고 껍질을 벗긴 뒤 얇게 썬다. (12쪽 아보카도 손질하기 참조)

04 처음부터 두껍게 썰려고 하지 말자. 어차피 칼질은 내 맘대로 안 되고 나중에는 나도 모르게 두꺼워진다. 얇고 일정한 두께를 유지하겠다는 마음으로 천천히 썰어보자.

05 아보카도를 살짝 눌러서 눕힌 뒤 버터 바른 빵 위에 올린다. 만약 으깨졌다면 으깨진 대로 소복이 올리면 된다.

06 아보카도 위에 올리브유를 뿌린다. 양은 적당하게. 사실 '적당하다' 는 기준이 모호하지만 한 번 만들어서 먹어보면 안다. 어느 정도를 넣으면 적당한지. 그걸 알아가는 게 요리의 매력이라 할 수 있다.

07 통후추는 갈아서, 소금은 톡톡, 레몬 한 조각은 꽉 쥐어짜서 뿌린다.

08 마지막으로 타임 한 줄기를 올려서 장식한다. 사실 이거 하나 올리고 안 올리고가 집밥이냐 레스토랑이냐를 결정할 만큼 효과가 좋다. 손님상을 준비하거나 평소보다 신경 써서 먹고 싶을 때는 타임, 민트, 딜 등 허브 한 줄기 올려주는 센스를 발휘해보자. 대형마트에서 소량씩 포장해서 팔지만 없을 때는 건파슬리 가루를 뿌려도 좋다. 혹은 향을 더하기 위해 깻잎을 잘게 다져 소량 얹어도 된다.

리코타 치즈
치커리 샐러드

ricotta cheese chicory sala

채소를 맛있게 먹는 방법에는 여러 가지가 있지만, 보기에도 예쁘고 만들기도 간단한 것은 샐러드로 먹는 것이다.

생채소를 잘 씻어서 드레싱만 뿌리면 되니까 세상 간단하다. 또한 다양한 요리와 잘 어울리는 곁들임 음식으로 내어도 손색이 없다. 샐러드에 들어가는 채소는 무엇이든 좋지만, 치커리는 그중에서도 가장 좋은 채소이다. 잎에 잔주름이 많아 조금만 사용해도 매우 풍성해 보이는 데다가 가격도 저렴하다. 많은 사람이 밥상 위 채소로 치커리를 잘 선택하지 않는다. 모양이 좁고 길쭉해서 쌈 채소로 쓰기도 어렵고, 이름이 치커리라서 맛이 왠지 쓸 것 같다고 생각하는 사람도 간혹 보았다. 치커리는 생각하시는 것만큼 쓰지 않습니다. 여러분. 보관기간도 다른 잎채소들보다 길어서 냉장고에 넣어두고 필요할 때마다 조금씩 꺼내어 사용하면 두루두루 이용하기 좋다. 레스토랑에서는 듬뿍 올려주지 않는 리코타 치즈도 양껏 올려 먹어보도록 하자.

재료 : 치커리 한 줌, 자숙 새우 5~10마리, 컬러 방울토마토 5~10개, 레몬 1조각, 리코타 치즈, 올리브유, 소금, 통후추

01 치커리는 길쭉하고 잎이 풍성한 채소다. 찬물에 두 세 번 헹군 후 잠시 담가 놓아 잎이 살아나서 부피가 더 커 보일 때, 채소탈수기를 사용해 물기를 제거한다. 물기를 없애는 것이 중요한 이유는 채소에 남은 물기로 인해 소스가 희석되는 걸 방지하고 채소의 잎을 생생하게 보이기 위해서다. 물이 뚝뚝 떨어지는 째로 숨죽은 것을 먹고 싶지는 않으니까. 이것이 맛있는 샐러드의 비결이다.

02 넓은 볼에 치커리를 손으로 뜯어 담고, 자숙새우를 중간 중간 꽂아준다. 그 위에 4조각으로 자른 토마토를 올린다. 토마토가 너무 크면 치커리가 그 무게에 눌려서 가라앉는다. 가뜩이나 새우 때문에 가라앉는데 굳이 토마토까지 거들 필요가 없다. 그러니 토마토는 2등분이나 4등분으로 잘라서 넣자.

03 드레싱소스도 따로 만들 필요가 없다. 올리브유 뿌리고 소금 솔솔 뿌리고 통후추 슥삭슥삭 갈아서 올리면 끝. 요리 프로그램을 보면 믹서에 이것저것 소스 재료를 넣어 갈던데 따지고 보면 그것도 귀찮지 않은가? 소스는 먹을 때마다 소량이 필요한데 갈기엔 번거롭고 믹서기에 묻은 건 결국 버려지니 재료의 손실도 있고.

04 접시 위에 올리브유는 얼마나 뿌리면 될까? 치커리 잎들을 오일로 살짝 코팅한다는 기분으로 골고루 뿌린다. 다 먹고 바닥을 보인 빈 접시에 오일이 가득이면, 아 다음부터는 이것보다 적게 넣어야겠구나 생각하면 된다. 소금도 마찬가지다. 얼마나 넣을지는 여러 번 해보면 안다. 소금통을 기울여 살살 조금만 뿌리자. 먹다가 싱거우면 그때 추가해도 늦지 않다. 요리도 결국 상식이니까 상식선에서 적당히. 그 위에 통후추를 그라인더로 샤샤삭 갈아넣고 마무리한다.

05 마지막으로 리코타 치즈를 티스푼으로 떠서 군데군데 양껏 올린다. 리코타 치즈는 마트에서 살 수 있는 흔한 치즈로, 맛이 강하지 않고 부드러운 것이 특징이다. 치즈는 많이 먹기엔 부담스러운데 리코타 치즈는 그런 점에서 양껏 먹어도 질리지 않아 좋다.

아침을 깨우는, **프렌치 토스트**

french toast

얼마 전 카페에서 '스윗 버터 토스트 위드 베리'라는 디저트를 먹었다.

이름만 들어도 달콤한 버터 토스트 위에 상큼한 베리류가 올려진 것을 상상했는데 역시 상상했던 모습 그대로였다.

주말 아침에 눈 떴을 때 달달한 음식이 먹고 싶다면? 먹다 남은 식빵이 식탁 위에 있다면? 그런데 외출하려고 씻고 말리고 입고 카페에 가는 과정이 귀찮다면? 과일을 올린 홈메이드 프렌치 토스트로 아침을 깨워보기를. 커피나 우유와 함께 먹으면 더할 나위 없다.

재료 : 도톰한 식빵 2조각, 달걀 2개, 우유 3숟가락, 과일 약간, 소금, 버터, 슈가파우더

01 식빵이 잠길 만큼 넓은 그릇을 준비한다. 여기에 달걀 2개, 소금 약간, 우유 3숟가락을 넣고 젓가락으로 사정없이 휘젓는다.

02 프렌치토스트용 식빵은 살짝 도톰한 걸 고르자. 달걀물에 적시면 아무래도 숨이 죽기 때문에 썰었을 때 폭신폭신한 느낌을 유지하려면 살짝 도톰한 것이 좋다.

03 팬이 달구어지는 동안 식빵을 달걀물에 담가서 속까지 스며들게 한다. 너무 오래 두면 식빵이 흐물흐물 풀어지니 주의하자. 팬에 버터를 녹인 뒤 식빵을 올려 앞뒤로 노릇하게 굽는다. 버터는 생각보다 빨리 타기 때문에 중불로 줄여서 굽는다.

04 접시에 구운 토스트를 올리고 집에 있는 과일들을 먹기 좋은 크기로 잘라 올린다. 수박처럼 물이 많은 과일은 축축해져서 좋지 않고 블루베리, 딸기, 포도 등이 좋다.

05 마지막으로 슈가파우더를 톡톡 쳐서 장식하면 완성.

냉장고 재료 따라
콥샐러드
cobb salad

'Cobb'이라는 셰프가 처음 만든 데서 유래했다는 콥 샐러드는 냉장고에 남은 자투리 재료들로 간단히 만든 샐러드라는 뜻이다.

그렇다면 음식에서 이런 예가 또 있나 궁금해서 찾아보았다. 역사적으로는 이탈리아의 왕비 이름에서 따온 '마르게리타 피자', 중국 송나라 때 시인 소동파와 관련한 '동파육' 등이 있다고 한다. 우리나라의 경우는 없을까 생각하다가 기껏 떠오른 게 '김수미 간장게장'과 '백종원 도시락'이라니. 아 나는 왜 이럴까 자괴감에 빠져 있다가 콥샐러드 만들 생각에 정신이 번쩍. 그만큼 콥샐러드는 맛있다.

내용물은 넣기 나름인데 병아리콩이나 퀴노아, 닭가슴살이나 캔 참치, 메추리 알이나 삶은 달걀 등 탄수화물과 단백질을 추가하면 한 끼 식사로도 손색없다. 여기에 냉장고 정리는 덤으로 따라온다. 여기 소개하는 콥샐러드는 특별히 청(녹), 적, 황, 흑, 백의 다섯 색(오방색)을 표현했지만, 각자 냉장고 속의 제철 과일과 채소를 꺼내 마음껏 사용하면 된다.

재료 : 아보카도(녹), 방울토마토(적), 스위트콘(황), 메추리 알(백), 블랙 올리브(흑), 플레인 요구르트, 올리브유, 통후추, 소금

01 아보카도, 방울토마토는 숟가락으로 떠먹기 좋은 크기로 작게 깍둑썰기한다. 스위트콘 통조림은 국물을 따라내고 체에 밭쳐 물기를 뺀다. 병 조림된 블랙 올리브 과육도 반만 자른다. 링으로 슬라이스 되어 나온 제품이면 그대로 사용한다. 메추리 알은 반을 자른다. 삶아서 껍질을 까도 되지만 까는 중에 자제력을 잃고 다 먹어버릴 위험이 있다. 이럴 때 마트에서 파는 '깐 메추리 알'을 이용하면 평정심을 유지하는 데 도움이 될 뿐만 아니라, 조리 시간과 노동력까지 확실히 절약된다.

02 위 재료들을 접시 위에 가지런히 담는다. 나름 오방색이 콘셉트니 색동저고리를 상상하면서 한 줄로 길게 담아본다.

03 여기에 올리브유와 통후추를 갈아서 뿌리고 소금도 살짝 뿌려준다. 소금은 단맛을 더 끌어올려 주는 효과가 있다. 짠맛을 내려는 게 아니니 아주 조금만 뿌린다.

04 드레싱은 시판 플레인 요구르트를 쓰면 된다. 작은 볼에 요구르트를 담아 샐러드 접시 옆에 따로 내고 먹기 직전에 뿌린다. 혹시 단맛을 좋아하면 과일 맛 요구르트를 사용하도록 하자. 플레인 요구르트에 양파, 마요네즈, 레몬즙, 올리고당 등을 넣어 랜치 드레싱을 만드는 것도 좋지만 이것도 만들려면 귀찮지 않은가. 과일 맛 요구르트를 사면 세상 간단한 것을. 개인적으로는 딸기 맛보다 복숭아 맛 요구르트가 맛도 부드럽고 향도 은은해서 샐러드와 잘 어울리더라고.

바나나
브레드 푸딩

banana bread pudding

우리 집 냉동실에는 늘 먹다 남은 빵을 담아두는 지퍼백이 있다.

빵조각을 모아서 냉동실 한쪽에, 일명 '자투리 빵 집합소'를 만들었다. 아침에 일어났는데 밥이 없다? 식탁 위에 빵도 없다? 검은 반점이 다닥다닥 생겨버린 쭈글쭈글 바나나만 하나 있다? 이럴 때 얼려놓은 자투리 빵을 꺼내서 촉촉하고 부드러운 브레드 푸딩을 만들어 먹는다. 골칫덩이 빵도 처리할 수 있고 오래된 바나나도 버리지 않고 맛있게 먹을 수 있다.

브레드 푸딩은 가난한 자들을 위한 디저트였다. 묵은 빵을 모아 물에 적셔 짠 후에 설탕과 시나몬을 넣어 만든 데서 유래했다는데, 지금은 큰 틀에 많은 양을 구워낼 수 있어 만들기도 편하고 손님 대접할 때도 유용하다. 유래야 어찌 되었든 별 것 아닌 재료로도 맛있는 음식을 만들어 좋은 사람들과 넉넉히 나눌 수 있으니 이만한 요리도 없다는 생각이 든다. 디저트라고는 하지만 꼭 디저트일 필요가 있나. 아침에 먹으면 '내 맘대로 브런치'고 저녁에 먹으면 '내 맘대로 디너'지 뭐.

재료 : 자투리 빵 두 줌, 달걀 2개, 바나나 1개, 버터 3조각, 우유 1컵, 설탕 1숟가락, 소금, 시나몬 파우더, 슈가파우더(4인분 기준)

01 자투리 빵은 종류에 상관없이 한입 크기로 잘라 넓고 납작한 그릇에 담아둔다. 오븐에 넣을 거니까 내열유리나 도자기 그릇이 좋다.

02 그릇에 버터 3조각을 담고 전자레인지에 10초가량 돌려 살짝 녹인다. 여기에 소금 약간, 설탕 1숟가락, 달걀 2개, 따뜻한 우유 1컵을 부어 골고루 잘 섞어 달걀우유물을 만든다.

* 우유는 전자레인지에 1분 정도 데워서 넣는데, 이렇게 하면 빵이 촉촉하게 잘 적셔지고 간도 잘 밴다.

03 달걀우유물을 빵에 붓는다. 이때 빵이 완전히 잠기게 하지 말고, 바닥이 찰랑거릴 정도로만 부은 뒤 빵에 잘 스며들도록 뒤적뒤적 섞어 잠시 시간을 둔다. 그런 다음 조금씩 부어가며 기호에 맞게 농도를 맞추자. 촉촉하고 부드러운 것이 좋으면 넉넉히 붓고, 씹는 식감을 살리고 싶으면 적게 붓는다. 혹시 달걀우유물이 남았다면? 빵을 더 넣는다. 하하. 이렇게 양이 점점 늘어가고.

04 빵 위에 링으로 도톰하게 썬 바나나를 군데군데 올린 후에, 200도로 예열한 오븐에 25분간 굽는다.

05 오븐에서 꺼낸 빵 위에 시나몬 파우더와 슈가파우더를 적당히 뿌려주면 완성. 여기에 새콤달콤한 과일을 잘라서 뿌려 먹으면 더 맛있다.

부라타 치즈 샐러드

burrata cheese salad

이거 너무 쉬워서 지면 낭비가 아닌가 싶지만,

눈송이처럼 하얗고 동글동글한 치즈의 모습에 반해 소개할 만하다 싶다가도 '이런 게 요리라고? 요리가 뭐 이리 간단해' 할 사람도 있어 살짝 부끄럽기도 한, 그런 샐러드가 바로 부라타 치즈 샐러드다.

부라타 치즈는 정말 먹음직스럽게 생겨서 보는 것만으로도 식욕이 당긴다. 손안에 쏙 들어오는 탄력있는 주머니 속에 무엇이 들어있을지 기대하는 순간부터 미소가 번진다. 쫀쫀하고 매끈한 주머니를 톡 터트려 가르면 몽글몽글한 크림과 모차렐라가 쏟아져 나온다. 루콜라와 토마토를 포크로 찍어서 부라타 치즈를 듬뿍 묻혀 먹으면 몸에 생기가 돋아나는 느낌이다.

재료 : 부라타 치즈 1개, 컬러 방울토마토 10개, 루콜라 한 줌, 발사믹 글레이즈, 올리브유, 소금, 통후추

01 부라타 치즈는 유통기한이 짧아 동네마트에서는 좀처럼 구하기 쉽지 않다. 요즘에는 모바일 장보기 서비스가 잘 되어있으니 동네에서 바로 구하기 어려운 음식 재료는 모바일 주문을 이용해보자. 전날 주문하면 다음 날 새벽에 배송되는 기적이 일어난다. 바쁜 아침에도 샐러드 한 접시 챙겨 먹고 나올 수 있는 세상이 되었다.

02 컬러 방울토마토는 반으로 썰어서 올리브유, 소금, 통후추로 살짝 간하여 버무린다.

03 넓은 접시에 루콜라와 토마토를 담고 부라타 치즈도 보기 좋게 올린다. 루콜라는 자르지 말고 줄기째로 올린다. 어차피 치즈를 가를 때 나이프가 필요한데 이때 루콜라를 함께 잘라 먹으면 칼질하는 재미가 있다.

04 접시의 빈 부분에 올리브유를 살짝 둘러 모양을 내고, 발사믹 글레이즈로 점을 찍어 장식하면 요리가 더 먹음직스러워 보인다. (12쪽 발사믹 글레이즈 참조)

크림치즈 요구르트 위드 베리

cheese yogurt with berries

이름 참 거창하다.

카페에서도 흔히 사 먹을 수 있는 '생과일 요구르트'일 뿐이지만, 예쁘게 플레이팅하고 그에 맞는 이름도 지어주고 싶었다. 달지 않은 과일도 담음새가 정성스러우면 왠지 더 맛있어지는 기분. 어차피 인생은 기분이니까. 마음껏 기분 내며 살고 싶은 오늘이다. 작고 소박한 과일로 화사하게 한 접시 꾸미는 것으로 기분 낼 수 있다면 그것만큼 훌륭한 디저트가 또 있을까. 여기에 차 한 잔 곁들이면 금상첨화다.

재료 : 딸기, 체리, 아보카도, 블루베리, 타임, 플레인 요구르트, 크림치즈 모두 원하는 만큼씩

01 플레인 요구르트와 크림치즈는 1:1 비율로 섞어서 접시 위에 군데군데 동그란 모양으로 떨어뜨린다. 양은 먹고 싶은 만큼. 요구르트에 크림치즈를 넣는 이유는 맛도 좋지만 묽은 요구르트를 좀 더 되직하게 만들어 플레이트에 떨어뜨렸을 때 형태를 유지하기 위해서다. 과일을 올렸을 때 고정될 정도의 농도면 된다.

02 과일을 예쁘게 잘라본다. 체리와 블루베리는 그대로 사용하고 크기가 가장 큰 딸기는 링으로 썬다. 하지만 사실 써는 모양이야 내 맘대로 해도 되지 뭐. 길쭉하게 잘라도 좋고 반만 갈라놓아도 예쁘다. 어차피 과일은 자체로 아주 예쁘니까.

03 아보카도는 마침 있어서 사용했다. 준비한 과일들이 붉은 계열이라서 초록색 아보카도로 포인트를 줄 수 있겠다 싶은 마음에 접시 가운데에 빙그르르 둘렀다. 부드럽게 후숙이 잘 되어 둥글게 모양 잡기가 수월했기 때문이기도 하고. 만약 조금 딱딱한 상태의 아보카도라면 적당히 잘라서 군데군데 뿌리듯 올려도 된다. 다양한 색깔의 과일들은 어떻게 놓아도 잘 어울린다.

04 꾸미다 보니 크리스마스 리스 모양이 되었다. 그렇다면 타임으로 군데군데 줄기와 잎을 표현해보자. 타임이 없다면 새싹채소를 이용하면 된다. 요리하다 보면 재료가 그때그때 다르므로 다양한 대체 음식 재료를 사용하면서 새로운 아이디어를 떠올릴 수 있다. 그것이 요리의 또 다른 매력이기도 하고.

토마토
매실 절임

pickled tomato and japanese apricot

이거 진짜로 맛있다.
일식집에 갔다가 내 앞으로 딱 두 알이 나온 적이 있는데 너무 맛있어서 오래도록 기억에 남았다. 집에서 비슷하게 맛을 재현해 보았는데 어머나 정말 똑같은 맛이었다. 이럴 때 요리하는 재미가 더 생기는 것 같다. 요즘도 알이 굵은 방울토마토를 발견하면 매실액에 재워두었다가 수시로 해 먹는 디저트 중 하나이다.

'매실액'은 요리에 두루두루 많이 쓰인다. 매년 6월쯤 시장에 나오기 시작하는데 한 박스를 사서 매실청을 담가 놓으면 각종 요리에 양념으로 쓸 수 있으니 1년 내내 마음이 든든하다. 만들기도 너무 쉬워 하루 반나절만 투자하면 1년이 편하다. 만드는 방법은, 매실 꼭지를 제거하고 깨끗이 씻어 물기를 뺀 뒤 매실과 설탕을 1:1로 섞어 밀봉했다가 3개월 뒤 매실은 건져내고 엑기스만 생수병에 담아놓으면 끝. 시간이 갈수록 그 맛은 더 깊어진다.

재료 : 방울토마토 1팩, 파인애플 4분의 1통, 올리브 절임 10개, 레몬 슬라이스 2조각, 매실액

01 방울토마토를 씻어서 꼭지를 따고 칼로 열십자(+) 모양을 낸다. 너무 깊게 낼 필요는 없다.

02 끓는 물에 방울토마토를 넣고 30초간 데치면 열십자로 칼집 낸 부분부터 껍질이 얇게 일어난다. 이때 불을 끄고 체로 건진다.

03 토마토 과육이 으깨지지 않게 살살 껍질을 벗겨서 통에 담고 올리브 절임, 한입 크기로 썬 파인애플, 슬라이스한 레몬을 함께 넣은 뒤 매실액을 자작하게 붓는다.

* 집에서 담근 매실액이 없으면 시판 매실액을 사용해도 좋다. 단, 자연스럽고 깊은 맛은 조금 덜할지도 모른다. 올리브나 파인애플이 없으면 안 넣어도 된다. 예쁜 색감을 내려고 넣는 것이지 맛을 좌우할 정도는 아니므로. 그러나 넣으면? 예쁘고 먹음직스러워 보이게 하는 최고의 조연이 된다.

04 뚜껑을 닫고 하루 동안 냉장고에 넣어 숙성시킨다. 이렇게 하면 토마토 속살이 더 쫄깃하고 탱글탱글해지며 매실액이 쏙쏙 배어들어 감칠맛이 난다.

05 유리 볼에 예쁘게 담아서 식전 애피타이저나 식후 디저트로 호로록 짭짭 마음껏 즐긴다. 남은 국물은 두 번째 만들 때 재사용해도 된다.

갈증엔,
오디 슬러시

mulberry slush

한여름 갈증이 심할 때면 아이스 커피를 벌컥벌컥 마신다. 하루에 한두 번 이렇게 마시다 보니 석 잔째부터는 거부감이 생긴다. 탄산음료도 한두 번이고, 과일주스는 시럽 때문인지 마신 후 갈증만 더 심해지는 것 같다. 평일엔 밖에서 일해야 하니 어쩔 수 없지만, 집에서 쉬는 주말에까지 음료를 사 먹고 싶진 않다. 이럴 때 추천하는 음료가 홈메이드 오디 슬러시. 맛과 향이 지나치지 않고 은은한 블랙 푸드 오디, 검푸른 빛깔의 알들이 촘촘하게 모여 있는 모습이 꼭 튀지 않고도 자기만의 색깔을 가진 진중한 사람의 모습처럼 느껴진다.

오디 슬러시에는 얼음이 필요 없다. 오디 자체를 얼려서 보관하면 되기 때문이다. 열매가 작고 오돌도돌 돌기가 많다 보니 막 뭉쳐서 얼려도 부스스 잘 떨어진다. 손으로 한 덩이 뚝 떼어 우유를 붓고 갈면 그야말로 초간단 아이스 음료가 완성된다. 5~6월 한 철에 잠깐 등장하는 열매이니 넉넉히 사서 냉동실에 차곡차곡 넣어두면 일 년 내내 맛있게 즐길 수 있다.

재료 : 얼린 오디 한 줌, 우유 1컵, 꿀 또는 설탕 약간

01 플라스틱 용기나 스티로폼 상자에 가지런히 담긴 제철 오디를 사자. 뭐든지 제철 음식 재료가 영양가도 풍부하고 값도 저렴한 법. 오디는 넉넉히 사서 얼려두고 여름 내내 꺼내 먹으면 좋다. 개인적으로는 스티로폼보다 냉동보관이 쉬운 플라스틱 용기를 선호한다.

02 오디를 흐르는 물에 살살 씻는다. 너무 여러 번 씻으면 보라색 즙이 다 빠져나가는 것 같아 아까운 마음이 절로 든다. 적당히 두세 번만 약한 과육이 짓이겨지지 않게 살살 달래가며 헹군 뒤 채반에 받쳐 물기를 뺀다. 이를 원래 담겨 있던 플라스틱 용기에 편평하게 담아 냉동실에 두고 얼린다. 스티로폼 상자는 부피가 크고 뚜껑도 따로 없어서 냉동실에 넣기에는 불편하다.

03 얼린 오디를 한 주먹 떼어서 믹서기에 넣고, 우유 한 컵을 부어서 사정없이 간다. 얼린 오디만으로도 충분해서 얼음은 필요 없다. 좀 더 달게 마시고 싶으면 꿀이나 설탕을 조금 넣는다. 꿀을 넣을 경우, 처음부터 넣으면 눅진한 제형 때문에 꿀이 밑으로 가라앉아 믹서 칼날 부분에 묻어 잘 섞이지 않는다. 칼날에 남아있는 꿀이 아까워서라도 꿀은 맨 나중에 넣는 것이 좋다. 우유 대신 요구르트를 넣어도 상관없지만 아마 요구르트 맛이 오디 맛보다 강할 것이다. 주인공을 살리고 싶으면 요구르트보다 우유가 좋다.

* 진짜 중요한 과정은 바로 설거지. 무슨 일이든 벌려 놓는 건 쉽지만 뒷정리하는 건 싫다. 하지만 내용물이 덕지덕지 말라붙은 믹서의 칼날을 닦는 것은 위험하고도 아주 귀찮은 일. 특히 오디는 특유의 보라색 즙이 많이 흘러나와서 바로 닦지 않으면 주방이 매우 지저분해 보일 뿐만 아니라 플라스틱 재질의 조리도구에 물이 들기도 한다. 조금 귀찮더라도 믹서기는 설거짓거리들이 다 모일 때까지 방치하지 말고 바로바로 헹궈서 엎어 말리자. 그것이 설거지 스트레스를 덜 받는 일이다.

04 사실, 이 과정은 안 해도 괜찮지만, 집에 마침 거품기나 커피 머신용 에어로치노가 있고 혼자서도 예쁘게 담아 마시고 싶다면 우유 거품을 내어서 잔 위에 살짝 얹어준다. 보랏빛 대지 위에 눈이 소복이 쌓여있는 모습이 펼쳐질지도 모르니. 혹시 거품이 쫀쫀하지 않고 비둘기 똥처럼 묽은가. 그래도 실망하지 말자. 어차피 소복소복 쌓인 눈도 녹아서 퍼져버리니까. 맛있으면 그만이다.

새콤달콤 매콤한 골뱅이 비빔면

whelk bibimmen

국숫집에 가면 비빔국수를, 냉면집에 가면 비빔냉면을, 분식집에 가면 쫄면을 시키는 편이다.

국물 없이 새콤달콤 매콤한 양념에 비벼먹는 것들을 좋아하는 만큼, 집에서는 뭐니 뭐니 해도 OO비빔면이다. 자주 먹다 보니 냉장고를 뒤져서 이것저것 넣게 된다. 남은 상추를 손으로 찢어 넣기도 하고, 삶은 콩나물을 넣기도 하고, 삼겹살을 올려 먹거나 참기름을 듬뿍 넣어 비벼 먹기도 한다. 물론 모두 다 맛있지만, 채소와 골뱅이와 맛살을 올린 비빔면이 가장 조화로웠던 것 같다. 그래서 뭐 이런 걸 요리법이라고 소개한담? 해도 워낙 간편하니 가장 만만하게 시도해볼 수 있는 요리가 아닐까 생각한다.

재료 : 비빔면 한 봉지, 캔 골뱅이 살 5개, 냉장고 속 채소 조금, 게맛살 1개, 비빔장 소스, 참기름

01 캔 골뱅이를 살만 건져서 먹기 좋은 크기로 자른다. 남은 골뱅이 살은 국물째 다른 용기에 담아 냉장고에 넣어 보관한다.

02 넓은 볼에 골뱅이를 넣고 비빔장 소스를 조금만 넣어 무친다. 비빔면에 들어있는 양념 봉지만으로 골뱅이까지 무치기에는 살짝 부족할 수 있기 때문이다. 튜브 형태로 된 비빔장 소스도 마트에서 쉽게 구할 수 있다. 이거 하나 사다 놓으면 골뱅이 소면, 비빔국수, 쫄면 등 각종 비빔 요리를 할 때 따로 양념을 만들 필요가 없다.

03 면은 삶아서 찬물에 헹군 후 양념 소스와 함께 비벼 놓는다. 헹굴 때는 찬물에 담갔다 빼지 말고 손바닥을 이용해 몇 번 비벼준다. 이렇게 하면 전분기가 빠지면서 면이 탱글탱글해진다.

04 움푹 팬 그릇에 냉장고 속 채소(치커리, 상추, 깻잎, 오이, 당근 등)와 골뱅이를 빙 두르고 비빔면을 가운데 올린다.

05 마지막으로 게맛살을 손으로 찢어서 면 위에 올리고 참기름 한두 방울 떨어뜨리면 완성.

맛좋은 궁합, 두부김치

bean curd and kimchi

재료 : 익은 김치 1/4포기, 두부 1/2모, 들기름 7숟가락, 설탕 1숟가락

지금은 없어졌지만 오래전 종로 피맛골에는 막걸릿집들이 즐비했다.

술보다 안주를 많이 먹었던 나는 고등어구이와 파전을 먼저 시키고, 어느 정도 느끼하다 싶을 때 두 손을 번쩍 들고 외쳤다. "두부김치 하나 주세요." 샐러드라는 것이 메뉴에 없어서 기껏해야 파전과 함께 제공되는 양파 장아찌 정도로 입가심을 했었던 것 같다. 술자리 후반부로 갈수록 느끼함을 잡아줄 한 접시가 필요했다.

하얀 접시 위에 꽃처럼 담긴 두부김치가 등장하면 일단 두부와 김치의 양부터 살폈다. 일대일의 비율이면 좋겠으나 항상 한 쪽이 부족했기 때문에 먹을 때는 나름의 룰도 있었다. 가령 두부보다 김치가 많으면 두부를 반씩 나눠 먹는 식. 두부만 한입에 다 넣는 친구는 다음번 술자리에 부르지 않았다. 볶은 김치에 고기가 들어가는 집이 있으면 무조건 그 집으로 갔다. 지금 생각하면 참 유치했지만, 그래서 두고두고 웃음이 난다. 십수 년 전 피맛골이 사라진다는 소식을 들었을 때 슬펐던 이유는 도시개발과 함께 젊은 날의 소중한 추억 하나가 사라져버렸다는 상실감 때문이었다. 그러나 맛의 기억은 사라지지 않고 남아서 가끔은 피맛골 시끌벅적한 골목에서 두부김치에 막걸리 한 사발 먹고 싶은 날이 있다.

두부김치에는 따로 양념이 들어가지 않는다. 그저 김치의 맛이 모든 것을 결정한다. 새콤하게 익은 김치를 들기름에 달달 볶다가 설탕만 조금 넣으면 끝. 딱! 피맛골의 그 맛이다. 먹다 남은 김치가 처치 곤란하면 두부 한 모와 함께 저렴하면서도 맛있는 한 접시를 만들어보자.

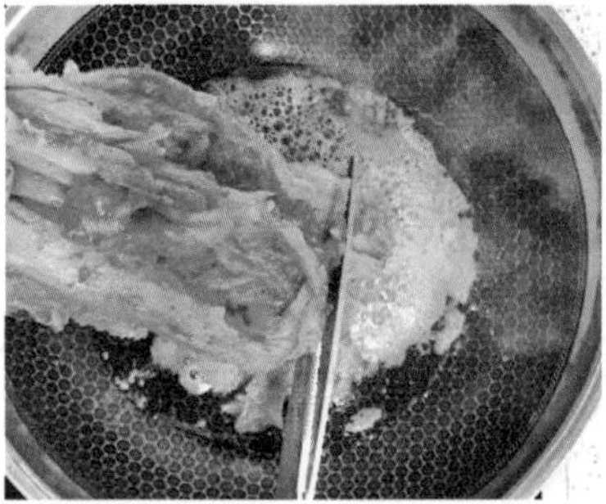

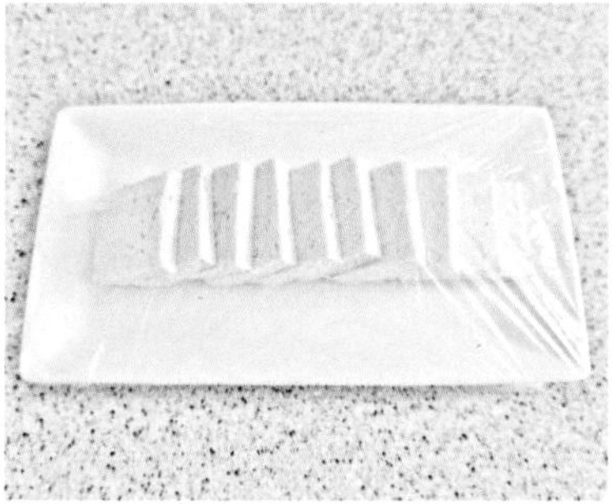

01 포기 김치를 따로 준비해도 되지만 먹다 남은 김치가 냉장고 여기저기에 숨어있다면 모두 다 꺼낸다. 팬에 들기름을 넉넉하게 붓고 김치를 가위로 잘라서 넣는다. 먹다 남은 김치는 이미 잘린 상태일 테니 그릇째 부어서 달달 볶는다. 김치가 투명해질 때까지 볶다 보면 넉넉하게 들어간 들기름 덕분에 윤기가 좔좔 흐르고 고소해진다. 여기에 마지막으로 설탕을 1숟가락 넣어 볶는다.

* 볶은 김치는 각종 음식에 두루두루 사용할 수 있다. 양에 상관없이 넉넉하게 볶아서 냉장고에 넣어두었다가 비빔밥, 덮밥, 주먹밥 등을 만들 때 써보자. 그때그때 볶지 않아도 되니 편리하다. 들기름도 정량을 따지지 말고 적당히 가감하면 된다. 단, 설탕은 많이 넣지 말자. 신맛을 살짝 줄여주고 감칠맛을 돋우기 위한 것이지 단맛을 내려고 넣는 것이 아니다.

02 두부는 도마를 사용하지 않고 접시 위에서 바로 자른다. 여기에 랩을 씌우고 전자레인지에 2분간 돌린 후 꺼낸다. 두부에서 빠져나온 물은 따라버리고 한 김 식힌다.

* 마트에 가면 찌개용, 부침용, 유기농 콩, 국내산 콩 등 이름도 다양한 두부들을 판다. 아직 큰 용도 차이는 모르겠다. 이왕이면 양이 많거나 세일을 하는 것들을 사 오는 편이다. 가끔 재래시장 두부 전문점에서 직접 만드는 모두부를 사 먹기도 하는데 확실히 부드럽고 고소하고 맛있다. 주변에 재래시장이 있다면 지나치지 말고 사먹기를.

03 넓은 접시에 두부를 담는다. 동그랗게 돌려 담거나, 가지런히 일렬로 놓아도 된다. 여기에 볶은 김치를 곁들이고 참깨를 뿌리거나 새싹채소로 장식한다.

* 좀 더 특별한 요리로 업그레이드하고 싶으면 돼지고기 수육을 함께 곁들여도 좋다. 흑돼지 수육을 함께 준비하면 손님 초대 상의 메인으로도 손색없다(114쪽 흑돼지 수육 참조).

맘껏, 기분내는

party food

과일, 채소, 고기, 해산물 중에서도 언제나 쉽게 구할 수 있는 것들이 있다. 흔한 재료를 가지고 간단하게 만들 수 있는 요리로 손님을 초대하면 주인도 손님도 둘 다 부담 없다. 게다가 근사하고 있어 보이기까지 하니 일석이조. 이런 걸 어떻게 만들었냐며 놀랄 손님들에게 '아냐 생각보다 쉬워' 라고 말할 수 있는 그 날이 생각보다 빨리 올지도 모른다.

간장떡볶이

soy sauce tteokbokki

떡볶이 안 좋아하는 사람 손! 하면 몇 명이나 들까?
한국인에게 '떡볶이'는 남녀노소 불문하고 국민 간식의 최고봉으로 무너뜨릴 수 없는 철옹성이다. 사 먹기도 하고 만들어 먹기도 하는데, 솔직히 학교 앞 떡볶이 가게에서 먹는 게 가장 맛있다. 맛도 맛이지만 학창시절의 추억이 담겨서 그럴 것이다. 하굣길에 친구들과 떡볶이 건져 먹고 남은 국물에 순대와 튀김까지 찍어 먹고 나서야 각자 집으로, 학원으로 흩어졌었다. 맵고 빨간 떡볶이는 학교 앞 떡볶이를 따라갈 수 없으니 미리 포기하고, 여기서는 간장떡볶이를 소개한다. 갑자기 분위기가 간장으로 바뀌어 심히 멋쩍긴 하나, 단짠단짠 간장 떡볶이는 남녀노소 누구나 좋아할 맛이니 용기 내어 분위기를 전환해본다. 매운 것 못 먹는 아이도, 자극적인 것을 멀리하는 어른도 먹을 수 있는 국민 간식이니까. 개인적으로 쌀떡보다 밀떡을 좋아한다. 익으면서 부풀어 오르는 밀떡의 탱글탱글하고 쫄깃한 식감이 너무 좋기 때문이다. 소화가 잘되는 것을 원하면 쌀떡을 추천한다.

재료 : 밀떡 한 줄, 간장 5숟가락, 꿀 3숟가락, 들기름, 슬라이스 아몬드

01 밀떡을 한 가닥씩 손으로 떼어 끓는 물에 살짝 데친다. 딱딱했던 떡이 부들부들해지면서 물 위로 떠 오르면 체로 건진다. 재래시장에 가면 팔뚝만 한 밀떡 한 줄에 1~2천 원 한다.

02 달군 프라이팬에 들기름을 두르고 간장 5숟가락을 넣는다. 들기름을 사용하면 고소함이 배가 되지만 없다고 실망하지 말고 식용유(요리유), 캐놀라유, 올리브유 등 집에 있는 것을 적당히 골라 쓴다.

03 간장이 보글보글 끓어오르면 데친 떡을 넣어 센 불에 볶는다. 데치지 않은 떡을 넣으면 익기도 전에 금방 타버릴 수 있으니 꼭 말랑말랑하게 데친 떡을 넣는다.

04 불을 끈 뒤 꿀 3숟가락을 넣어 버무린다. 잔열만으로도 충분하고 타는 것도 방지할 수 있다. 꿀이 없으면 설탕도 좋고 올리고당도 괜찮다.

05 그릇에 담고 슬라이스 아몬드를 뿌린다. 간장떡볶이가 갈색이니 이왕이면 하얀 그릇에 담는 것이 먹음직스럽지 않을까. 아몬드가 없으면 통깨를 뿌려도 좋다.

새우 아보카도
오픈 샌드위치

shrimp avocado open sandwich

불을 사용하지 않고 간단하게 만들 수 있으면서, 보기에도 좋고 맛도 좋은 취향 저격 요리를 꼽으라면 단연, 이 요리다.

새우 아보카도 오픈 샌드위치는 재료의 궁합이 좋아서 질리지 않고 먹을 수 있다. 손님이 왔을 때 수고로움에 비해 크게 환영받는 요리 중 하나이다.

재료 : 아보카도 1/2개, 자숙 새우(큰 것) 2마리, 크림치즈 2숟가락, 바게트 2조각, 방울토마토 2개, 레몬 1조각, 허브 조금, 올리브유, 통후추, 소금(2개 분량)

01 바게트 위에 크림치즈를 1숟가락 떠서 골고루 바른다. 기호에 맞게 양을 조절하면 되는데, 너무 얇게 바르면 크림치즈가 들어간 것인지 안 들어간 것인지 잘 모르겠더라. 이왕 먹는 거 두껍게 바르자. 맛이 훨씬 좋다.

02 얇게 썬 아보카도는 칼등으로 살짝 눕혀서 절반을 그대로 크림치즈 바른 빵 위에 올린다. 부드럽게 잘 익은 아보카도는 으깨지기 쉬운데 이럴 때는 차라리 전부 으깨서 얹어도 된다. 입안에서 으깨지나 미리 으깨서 넣으나 똑같으니까.

03 대형마트에서 구할 수 있는 냉동 자숙 새우는 익혀서 나온 것이기 때문에 별도의 조리과정 없이 해동해서 쓰기만 하면 된다. 새우의 맛을 해치지 않으려면 해동이 중요한데 전자레인지로 억지 해동을 시키지 말고 실온에 두거나 먹기 하루 전에 냉장실로 옮겨서 키친타월로 톡톡 눌러 물기를 제거하면 본래의 맛을 즐길 수 있다. 새우 크기에 크게 연연할 필요는 없으나 빵 위에 한 개씩만 올릴 것이기 때문에 이왕이면 큰 것이 좋다. 작은 새우는 안 되냐고? 그럴 리가, 두 개씩 올리면 되지.

04 고운 소금을 한 꼬집 잡아 솔솔 뿌리고 올리브유도 조금씩 뿌린다. 그 위에 통후추를 갈아 올리고 레몬즙을 뿌린다. 시판용 즙보다는 생레몬 한 조각을 먹기 전에 직접 짜는 게 신선한 맛을 내는 비결이다. 음식의 맛은 솜씨도 필요하지만 먹는 타이밍과 재료의 질이 중요하다. 먹기 직전 만드는 게 가장 맛있고, 최대한 신선한 재료를 사용한다면 맛이 없을 리 없다. 특히 불을 사용하지 않는 음식일 경우는 불로 인한 화학적인 맛의 변화가 거의 없기 때문에 음식 재료의 상태가 가장 중요하다.

05 그런데 여기서 뭔가가 좀 아쉽다. 노란빛의 빵, 초록색 아보카도, 하얀 새우. 눈치챘는가? 그렇다 빨간색이 빠졌다. 음식의 맛에 큰 변화를 주지 않되 아름다운 비주얼을 완성해 주는 빨간 색은 바로 토마토. 4분의 1로 조각내어 살짝 올려준다.

06 여기에 허브를 한 가닥 올려 장식하면 금상첨화다. 약간의 허브는 외출 직전 뿌리는 향수와 같다. 은은한 향으로 패션을 완성하는 향수처럼 요리의 맛과 멋을 한층 높여준다.

정성들여 담기만, 훈제연어 리스

smoked salmon wreath

생연어를 집에서 혼자 차려 먹을 수는 없고, 연어는 먹고 싶고. 친구가 놀러 온다는데 파스타 하나에 샐러드 하나로는 조금 부족하고.
와인 한 잔 시작했는데 과자봉지 뜯는 거 말고, 수제 느낌의 가벼운 안줏거리가 필요하고. 이럴 때 훈제연어 리스는 근사한 한 접시 요리가 될 수 있다.

별도의 조리과정이 필요하지 않고, 요리 실력이 필요하지도 않으며, 그냥 정성 들여 담기만 하면 된다. 훈제연어는 몇 개 사서 냉동해두고, 가끔 생각날 때 가볍게 꺼내먹기 좋은 음식 재료다. 얇게 슬라이스 된 채로 나오기 때문에 진공포장 된 내용물만 지퍼백에 넣어 보관하면 큰 공간을 차지하지도 않는다. 해동 시간도 빨라 언제 어디서나 쉽게 즐길 수 있다. 연어를 살 때 홀스래디시 소스와 케이퍼를 함께 사 두자. 장보기 한 번으로 연어샐러드, 연어 초밥, 연어 채소 말이 등 몇 번의 연어요리가 가능하다.

재료 : 훈제연어 1팩, 양파 1/4개, 레몬 1조각, 오렌지 마멀레이드, 홀스래디시 소스, 케이퍼, 타임, 올리브유, 통후추

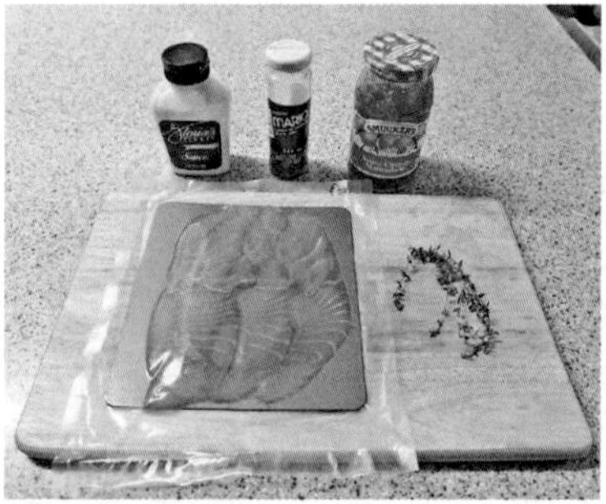

01 냉동된 훈제연어는 요리 한 시간 전에 실온에 꺼내놓거나, 전날 밤 냉장실로 옮겨서 자연해동 시킨다. 녹지 않은 연어를 억지로 뜯으려고 하면 살이 다 부서지니 꼭 자연해동 하기를 권한다. 빨리 녹이고 싶을 경우 납작한 진공포장 팩을 천천히 앞뒤로 두세 번 휘었다가 펴준다. 그럼 붙어있던 슬라이스들이 살짝 느슨해지면서 조금 빨리 녹는다.

02 양파는 감자 필러로 얇게 채를 쳐서 찬물에 담가 매운맛을 빼고 채소탈수기에 돌려서 물기를 빼놓는다.

03 접시 바닥에 양파 채를 깔고 그 위에 연어를 리스 모양으로 놓아보자. 주름을 잡아서 자연스럽게 링 모양을 만들면 된다. 가운데 빈 곳에 홀스래디시 소스를 담고, 케이퍼를 젓가락으로 하나씩 집어 소스 가장자리에 빙 돌린다.

04 연어 위에 올리브유를 살짝 뿌리고, 오렌지 마멀레이드를 젓가락으로 집어 연어 군데군데에 올린다. 오렌지 마멀레이드는 상큼하고 달콤한 맛을 위한 것이므로 없다면 생략해도 괜찮다. 마지막으로 통후추를 갈아 올리고 타임과 레몬으로 장식한다. 먹기 직전 레몬을 짜서 뿌리면 완성.

프로슈토 루콜라 샐러드

prosciutto rucola salad

프로슈토, 하몽, 베이컨, 살라미, 초리조 등 유럽산 햄은 냉장시설이 없던 옛날 장기간 보관할 목적으로 돼지고기를 소금에 절여 먹던 것에서 유래했다. 지금은 고급 음식 재료로 각종 샐러드나 와인 안주, 애피타이저, 피자 등에 사용된다.

'프로슈토'는 샐러드에 사용하기 좋은 생햄으로, 말리는 과정에서 수분이 줄어들어 맛은 농축되고 육질은 부드러워진다. 스페인에서는 하몽, 이탈리아에서는 프로슈토라 부른다. 적은 양으로 샐러드의 품위를 올려주므로 한 접시에 두 장 정도 쓰면 좋다. 남은 것은 랩으로 밀봉해 냉장 보관한 뒤 몇 번씩 나누어 사용해도 되므로 생각보다 경제적인 음식 재료다.

루콜라는 허브의 일종으로 특유의 고소하고 쌉쌀한 맛을 가졌다. 프로슈토와 함께 올리브유를 뿌려 먹으면 깔끔하고 담백한 맛이 감돌아 입맛을 돋우므로 식전 샐러드로 꽤 훌륭하다. 치즈와도 잘 어울리는 편이라서 파르메산 치즈를 갈아서 뿌려 먹으면 궁합이 매우 좋다. 동네 마트에서 구하기 어렵다는 것이 단점이지만 모바일 장보기 서비스로 사면 편리하다.

재료 : 프로슈토 2장, 루콜라 한 줌, 올리브유 1숟가락, 발사믹 식초 1/2숟가락, 소금, 통후추

01 루콜라는 흐르는 물에 헹구듯 여러 번 씻어서 채소탈수기로 물기를 빼고 한입 크기로 잘라놓는다.

02 작은 종지에 올리브유와 발사믹 식초를 넣고 젓가락으로 휘휘 저어 혼합한다. 둘은 원래 잘 안 섞이니 너무 애써서 섞으려 하지 말고 두어 번 휘휘 저어 놓는다.

03 접시에 루콜라를 봉긋하게 담고, 프로슈토 2장을 잘게 찢어서 군데군데 올린다.

04 여기에 통후추를 갈아 올리고 소금도 한 꼬집 골고루 뿌려준다. 파르메산 치즈가 있다면 조금 갈아 올려도 좋다.

05 먹기 직전에 소스를 골고루 뿌리면 완성

한우 등심 스테이크

korean beef sirloin steak

손님을 초대했을 때 메인요리로 한우 등심 스테이크를 내면 두고두고 떠올리며 융숭한 대접을 받았다 느낄 것이다.

한 접시를 두고 나누어 먹는 것이 아닌, 1인 1 스테이크인데 어찌 기억에 남지 않겠는가. '내가 이 정도로 당신의 방문을 환영하며 많은 신경을 썼다'는 것을 말하지 않고도 느끼게 해 주는 한 접시 요리, 한우 등심 스테이크. 여기에 부드러운 감자 퓌레와 구운 채소를 곁들이면 근사한 레스토랑의 메인디쉬가 부럽지 않다.

쇠고기 등심은 소위 마블링이라 불리는 지방 결이 살코기 사이사이로 속속들이 배어있는 부위로, 구우면 부드러운 감칠맛이 입안을 감싼다. 마트에 가면 '립아이' 또는 '척아이롤' 등의 수입품도 있는데 이것과 한우 등심 중에 무엇이 더 맛있을까. 조심할 필요가 있을까 싶지만 그래도 조심스럽게 추천하자면 스테이크 한 접시의 주인공은 한우였으면 한다. 내 입맛은 소중하니까.

재료 : 두께 2~3cm의 한우 등심 1팩, 감자 1개, 가지 1/4개, 미니양배추 3개, 방울토마토 5개, 홀그레인머스터드, 올리브유, 소금, 통후추, 버터, 우유 1/2컵, 파슬리가루

01 마트에서 두꺼워 보이는 한우 등심 한 팩을 고른다. 두께 1cm 이하의 얇은 등심은 스테이크용이 아니라 그냥 구이용이다. 스테이크용이 없으면 정육점에서 두께 2~3cm 정도로 썰어달라고 하자.

02 랩을 깔고 고기를 올려놓은 뒤 소금 살짝, 통후추 갈아서 살짝, 올리브유 적당히 뿌려 앞뒤로 밑간한 후 랩으로 말아 30분 정도 냉장고에 넣어둔다. 로즈메리 한줄기를 올리거나 건 바질, 건 타임을 뿌리면 고기에 은은한 향이 배고 잡내를 줄여준다. 허브가 없으면 생략해도 된다.

03 고기가 숙성될 동안 감자 퓌레를 만든다. 푹 떠서 입에 넣으면 어느새 사르르 녹아버리는 참을 수 없는 그런 맛이다.

감자는 잠길 정도의 물에 넣어 30분 정도 삶는다. 젓가락으로 눌러봐서 쑥 들어가면 다 익은 것이다. 익은 감자는 건져서 뜨거울 때 껍질을 벗기고 포크로 으깬다. 여기에 통후추를 조금 갈아서 넣고, 소금 약간, 버터 한 숟가락, 우유 반 컵을 넣어 고루 섞는다.

04 감자는 반드시 뜨거울 때 으깨야 버터가 녹으면서 골고루 잘 섞인다. 씹는 식감이 좋으면 포크로 눌러 잘게 부수기만 해도 되지만, 부드럽고 살살 넘어가는 퓌레를 원한다면 믹서에 한 번 갈아준다. 퓌레의 농도는 우유로, 간은 소금으로, 고소함은 버터로 가감하며 적당히 맞춘다. 아, 이미 넣은 것을 빼기는 힘드니 처음부터 많이 넣지 말고 맛을 보며 조금씩 넣는다.

05 미니양배추와 방울토마토는 팬에 버터를 두른 뒤 통으로 굽고, 가지는 5mm 두께로 어슷하게 썰어 소금과 후추를 살짝만 뿌린 뒤 그릴 팬에 굽는다.

* 그릴 팬을 사용할 때는 키친타월에 올리브유를 서너 방울 떨어뜨려서 팬의 튀어나온 요철 면에 골고루 발라준 뒤 충분히 달군 후 구워야 재료가 달라붙지 않는다. 선명한 그릴 자국을 기대하려면 한 번 뒤집은 재료는 다시 뒤집지 않는다. 그릴 자국이 찍힌 가지는 정말 먹음직스러워 보인다.

06 가지를 굽고 난 팬에 이제 고기를 구워보자. 고기는 겉은 바싹하고 속은 살짝 덜 익혀 촉촉하게 구울 것이다. 속까지 완전히 익은 고기를 원하면 굽는 시간을 1~2분 정도 늘린다. 팬을 센 불에서 충분히 달군 뒤 고기를 그릴 위에 올린다. 불이 세기 때문에 '치익'하는 소리가 크게 들리지만, 너무 놀라지 말고 그대로 3분간 굽는다. 집게로 살짝 들었을 때 선명한 그릴 자국이 보이고 고기 겉면이 회갈색이며 바싹 잘 구워진 느낌이 들면 뒤집는다. 뒤집어서 다시 3분을 굽고, 옆면은 각각 1분씩 굽는다. 옆면을 구울 때는 넘어가지 않게 집게로 잡고 있는 것이 좋다.

07 불을 끄고 약간의 소금을 뿌린 뒤 버터를 한 조각 올리고 뚜껑을 덮어놓는다. 뚜껑이 없으면 쿠킹호일로 덮어둔다. 이렇게 레스팅을 하면 팬에 남아있는 열에 버터가 서서히 녹아 뭉쳐있던 육즙이 고기 전체로 고루 퍼져서 더 맛있다. 레스팅 과정을 꼭 거치길 바란다.

08 넓은 접시에 감자 퓌레를 깔고 구운 채소를 접시 주변에 하나씩 올려 모양을 낸다. 감자 퓌레 위에 스테이크를 올린 뒤 팬에 남은 국물도 숟가락으로 떠서 고기 위에 살살 뿌린다. 기호에 따라 홀그레인머스터드를 곁들이면 혹시 모를 부족한 간을 보충할 수 있고 맛도 좋다.

참나물
밤채 샐러드

short-fruit pimpinella and

chopped chestnut salad

결혼하고 얼마 되지 않았을 때다.

프랑스에서 온 50대 부부를 집에 초대한 적이 있다. 집에 머무는 3일 동안 서울의 명소들을 함께 둘러보았고, 마지막 날 저녁 한 끼는 집밥으로 대접했다. 갈비찜, 잡채, 불고기, 생선전, 물김치 등 외국인이 좋아할 만한 한식 메뉴로 상을 차렸다. 그런데 생각지도 못한 메뉴에서 반응이 터졌다. 참나물 밤채 샐러드였다. 한국에 있으면서 이미 갈비와 불고기, 된장찌개 등 한식을 먹었는데 이런 샐러드는 처음이라며 너무 맛있게 드셨다.

사실 '참나물 밤채 샐러드'는 갈비찜을 하고 남은 밤 때문에 어쩌다 탄생했다. 참나물과 유자 소스의 맛이 잘 어울렸던 생각이 났고 밤을 채 썰어 함께 버무려냈다. 싱그러운 밤즙이 입안에 퍼지면서 고급스러운 단맛이 나는 데다가 향긋한 유자 향이 신선한 채소와 만나 입안을 개운하게 만들어주니 한식 샐러드로는 정말 이것만 한 것이 없었다.

재료 : 날밤 5개, 참나물 한 줌, 유자청 1숟가락

01 재료 정말 간단하지 않나? 일단 날밤은 편으로 썰어둔다. 편으로 썬 밤을 눕혀서 다시 채를 썰어도 괜찮다.

02 참나물은 씻어서 너무 굵은 줄기는 골라내고, 나머지 얇은 줄기와 잎을 모아서 먹기 좋게 썬 다음 채소탈수기에 돌려 물기를 뺀다.

03 밤채와 참나물을 도마 위에서 한데 섞고 유자청 1숟가락을 넣어 살살 버무린다. 도마 위에서 바로 버무리면 설거지가 줄어든다. 유자청이 되직해서 잘 버무려지지 않는다면 유자청에 생수를 조금 넣고 숟가락으로 저어 살짝 묽게 만든 다음 사용해도 좋다.

04 이제 접시 가운데에 소복이 올린다. 퍼지게 대충 담아도 맛이야 다를 바 없겠지만 이왕이면 있어 보이고 먹음직스러워 보이게 봉긋 솟은 봉우리처럼 올려보자.

05 이게 끝? 맞다 끝이다. 너무 쉬워서 소개하기 민망할 정도로, 정말 끝.

바질페스토 냉파스타

basil pesto cold pasta

푸실리는 꼬불꼬불한 나선형의 짧은 파스타다.
삶았을 때 쫄깃한 식감도 좋지만, 길이가 짧아서 숟가락으로 푹푹 떠먹기도 좋다. 돌돌 말려진 모양이라 사이사이 소스가 잘 배어들어 바질페스토의 풍부한 맛을 제대로 즐길 수 있을 뿐만 아니라 차게 해 먹으면 탱글탱글한 식감이 더욱 살아난다. 바질페스토는 즉석에서 바질과 올리브유를 갈아 만들면 좋겠지만, 막상 해보면 생 바질과 올리브유가 어마어마하게 들어간다. 예전에 쿠키도 한 번 만들어보겠다고 했다가 어마어마한 설탕과 버터의 양에 깜짝 놀랐다. 달콤한 맛 뒤에 숨어있는 실체를 알아버린 느낌이랄까. 하지만 먹고 싶은 욕구를 무작정 누를 수는 없으니 그 뒤로는 가끔 생각날 때 그냥 사 먹는 쪽을 택했다. 비겁하게 회피하는 모양새일 수 있지만 사서 먹음으로써 불편한 진실을 마주하지 않는 것이다. 그나마 바질페스토는 좋은 음식 재료들이니 그나마 낫다고 위로하면서. 다만 성분표시 스티커를 꼼꼼히 읽어보고 이왕이면 좋은 재료가 들어간 제품을 고르는 것으로 타협하고 있다. 너무 솔직해서 미안하지만 다들 뭐 그렇게 사는 거 아니겠나.

재료 : 푸실리 한 줌, 토마토 1개, 칵테일새우 10마리, 올리브 10개, 바질페스토 2숟가락, 새싹채소(또는 바질) 약간, 파르메산 치즈 약간, 올리브유, 통후추, 소금

01 푸실리면은 끓는 물에 10분 정도 삶는다. 보통 7~8분이 적정시간이지만 팬에 다시 볶는 게 아니고 바로 찬물에 헹궈서 사용할 것이기 때문에 조금 더 삶는 게 좋다. 찬물에 헹구면 면이 더 쫀득해지기 때문에 충분히 삶아주자.

02 토마토는 둥근 모양으로 썰어서 준비하고, 남은 자투리는 잘게 다져놓는다.

03 칵테일새우는 끓는 물에 살짝 데쳐서 건진 후 올리브유, 소금, 후추로 밑간해 버무려놓는다.

04 넓은 볼에 삶은 푸실리를 넣고 바질페스토 2숟가락과 올리브 10알을 넣어 살살 버무린다. 페스토 자체에 간이 되어있으나 싱거울 수 있으니 먹어보면서 소금과 후추를 적당히 추가한다. 여기에 새우와 자투리 토마토를 넣고 섞어준다.

05 넓은 접시에 링으로 썬 토마토를 꽃잎 모양으로 깔고 가운데에 버무린 면을 소복하게 올린다. 맨 위에 새싹채소나 생 바질을 올리고 파르메산 치즈를 갈아서 뿌리면 완성.

골드키위
요구르트

golden kiwi yogurt

집에서 만들기에 너무 간단해서 어이없는 음료다.

카페에서 먹는 요구르트 음료의 맛과 다르지 않을 뿐만 아니라 믹서기도 필요 없다. 그냥 젓가락으로 살살 저으면 끝. 게다가 과일은 더 많이 들어가니 만족도 100%의 홈메이드 마실거리다.

재료 : 골드키위 1개, 오렌지 마멀레이드 1숟가락, 요구르트 파우더 1숟가락, 우유 1컵

01 골드키위는 꿀떡꿀떡 마시기 좋을 정도로 다진다. 입안에 들어가서 오물오물 씹히는 크기면 된다. 신맛이 강해서 얼굴이 찌푸려지는 그린 키위보다는 부드럽고 당도가 높은 골드키위가 좋다. 하지만 어디까지나 개인적인 취향이니 그린, 골드 상관없이 좋아하는 과일을 넣는다.

* 마트에 가면 딸기잼 옆에 오렌지 마멀레이드가 있다. 오렌지 과육과 껍질을 함께 당절임한 것인데 오렌지껍질 씹는 맛이 좋아서 자주 이용하는 잼이다. 요즘엔 마트에서 요구르트 파우더도 쉽게 구할 수 있다. 프랜차이즈 커피숍에서 사용하는 제품 그대로 판다.

02 찬 우유 한 컵에 요구르트 파우더 1숟가락을 넣고 젓가락으로 살살 젓는다. 여기에 오렌지 마멀레이드를 넣어 젓고, 그 위에 골드키위를 올린다. 끝. 너무 간단하지 않은가?

* 너무 달면 오렌지 마멀레이드와 요구르트 파우더의 양을 줄인다. 이미 많이 넣어버려서 줄이는 게 의미가 없다면? 우유를 더 부으면 되지.

꽤 근사한, 관자 감바스

scallop gambas al ajillo

스페인어로 'Gambas'는 새우를, 'Al ajillo'는 마늘 소스를 뜻한다.

'감바스 알 아히요'는 새우와 마늘을 오일에 끓여서 빵과 함께 먹는 스페인 요리다. 누구나 할 수 있는 간단한 요리면서도 차려놓으면 꽤 근사해서 손님을 초대했을 때 환영받는 메뉴다. 마늘은 하얗고 새우는 익히면 붉어지니 여기에 초록과 노랑을 넣어주면 좀 먹음직스러워 보이겠다 싶었다. 그래서 미니 양배추와 컬러 방울토마토를 곁들였다.

감바스 요리의 주인공은 새우다. 이왕이면 두툼하고 큼직한 새우가 좋아 냉동 점보새우를 사용했지만, 새우 크기에 연연할 필요는 없다. 조금 더 특별한 감바스 요리를 만들고 싶다면 새우 친구 관자나 주꾸미를 함께 넣어도 좋다.

재료 : 새우 큰 것 7마리, 관자 6개, 마늘 10개, 미니양배추 2개, 컬러 방울토마토 4개, 딜 약간, 파프리카 가루, 페페론치노 5개, 올리브유 1/2컵, 소금, 통후추, 빵 2조각

01 새우와 관자는 자연 해동시킨 뒤에 키친타월로 물기를 제거한 다음, 통후추는 갈아서, 소금은 솔솔 뿌려 5분 정도 간이 베게 둔다.

* 껍질을 제거한 냉동 점보새우, 먹기 좋게 얼려놓은 냉동 관자 등은 마트의 냉동식품 코너에서 손쉽게 구입할 수 있다. 작은 마트에 갔더니 새우는 작은 것밖에 없고 관자는 아예 없다면? 그냥 작은 새우 사고 관자는 안 사도 된다. 그래도 꼭 사용하고 싶다면? 없는 것 빼고 다 있다는 모바일 장보기를 클릭.

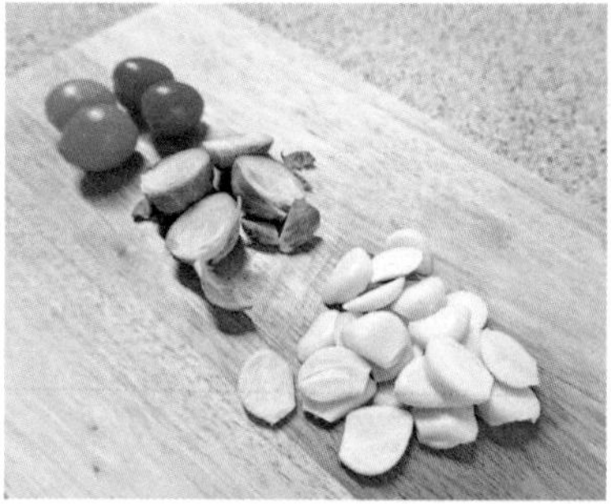

02 마늘은 편으로 도톰하게 썰어두고, 미니 양배추는 반으로 가르고, 컬러 방울토마토도 반으로 가른다. 미니 양배추 대신 그린올리브나 브로콜리를 사용해도 좋다. 단단한 조직감을 가진 녹색 채소라면 무엇이든 괜찮다.

03 달군 팬에 올리브유를 살짝 두르고 새우와 관자를 앞뒤로 살짝 익혀서 꺼내놓는다. 나중에 다른 재료와 함께 한 번 더 볶아야 하므로 반만 익힌다.

04 새 팬에 올리브유를 1/2컵 넣고 마늘을 넣은 뒤 중간 불에서 타지 않게 익힌다. 여기에 페페론치노를 넣어서 매운 향을 낸다. 좀 더 맵게 먹고 싶다면 페페론치노를 손으로 부수어 넣으면 된다.

05 여기에 썰어놓은 미니양배추와 토마토를 넣고 익힌다. 채소에 수분이 남아있어서 기름이 튈 수 있으니 조심해서 살살 넣는다.

06 미리 익혀놓은 새우와 관자도 넣고 볶다가 소금을 한 꼬집 넣고 통후추도 살짝 갈아 넣는다. 파프리카 가루는 안 넣어도 되지만, 넣으면 미세한 변화를 느낄 수 있다. 조금 더 깊은 맛이 난다고 할까.

07 오일까지 모두 다 접시에 담은 뒤 해산물에 잘 어울리는 향긋한 딜을 올려 장식한다. 딜 대신에 깻잎이나 쪽파를 송송 썰어 넣어도 좋다.

08 바게트나 통밀빵 등 달지 않은 식사 빵을 곁들여 내면 완성.

캐슈너트
케일 샐러드

cashewnut kale salad

캐슈너트의 고소함과 케일의 고소함은 분명 다른 고소함인데, 둘을 함께 먹으면 상승효과가 나서 정말 쉴 새 없이 먹고 싶어진다.

보통 샐러드는 싱그런 채소로 입맛을 돋우고 메인요리의 느끼함을 잡아주는 역할을 하는데, 캐슈너트 케일 샐러드는 그 자체로 메인요리 같다. 색깔만큼이나 짙고 깊은 맛의 케일, 다른 재료의 맛을 해치지 않는 적당한 고소함과 부드러움을 가진 캐슈너트, 샐러드의 맛을 상승시켜주는 짭조름한 베이컨 칩이 어우러져 웬만해서는 실패하지 않는 요리다. 손님을 초대했을 때 샐러드를 두세 가지 준비한다면 그중 하나는 꼭 이 샐러드일 정도로 반응이 좋다.

상큼한 시트러스 계열의 아삭아삭 샐러드가 뛰어노는 생기발랄 어린아이를 닮았다면, 짙고 구수한 풍미를 가진 캐슈너트 케일 샐러드는 손주 그네를 밀어주는 할아버지를 닮았다. 입 안을 포근히 감싸주는 부드럽고 안정적인 맛이랄까.

재료 : 케일 15장, 캐슈너트 한 줌, 베이컨 3줄, 올리브유 1숟가락, 소금, 통후추

01 캐슈너트 한 줌을 잡아 가루를 낸다. 가루를 낼 때는 미니 믹서기에 돌리거나, 비닐에 넣어서 칼등으로 찧거나, 작은 절구에 빻거나, 셋 중 하나. 입자크기는 원하는 만큼 알아서 조정하자.

02 캐슈너트는 무척 부드러워서 절굿공이를 몇 번 돌리면 금방 가루가 된다. 미니 절구와 절굿공이 세트는 시중에서 싸게 판다. 결국 절구로 빻으라는 소리 같지만 정말로 집에 하나 있으면 소량씩 가루로 내야 할 때 아주 유용하다. '가루로 많이 만들어두었다가 두고두고 사용해야지'라고 생각하면 큰일 난다. 너트류는 금방 산화되기 때문이다. 그래서 결론은? 그때그때 조금씩 갈아 쓰기 편한 미니 절구가 필요하다.

03 베이컨 3장을 기름 없이 팬에 바싹하게 굽고 키친타월로 꾹꾹 눌러서 자체기름을 제거한 뒤 한데 모아 총총 썰어서 베이컨칩을 만들어둔다.

04 흐르는 물에 씻은 케일 15장을 한데 잡아 물기를 탁탁 턴다. 줄기 부분을 힘껏 잡고 털면 굳이 채소탈수기에 돌리지 않아도 된다. 물기 뺀 케일은 도마에 놓고 칼로 가지런히 자른다.

05 자른 케일을 손으로 흩어놓고 올리브유, 약간의 소금, 약간의 통후추를 갈아서 뿌려 간을 맞춘 뒤에 캐슈너트 가루를 뿌려 다시 버무린다. 도마 위에서 바로 버무리면 설거짓거리가 줄어든다.

06 버무린 케일을 접시에 소복하게 올리고 베이컨칩을 뿌린다. 캐슈너트 가루도 조금 남겼다가 마지막으로 한 번 더 흩뿌리면 더욱더 먹음직스러워진다.

간단하고 맛있게
흑돼지 수육

boiled black pork slices

재료 : 흑돼지 통삼겹 1근, 된장 1숟가락, 청주 1컵, 대파 2뿌리,
깻잎 10장, 양파 1개, 고기용 참소스

맛있기로 유명한 제주흑돼지.

온몸이 검은 털로 덮여있어서 덩어리째 사면 흑돼지인지 아닌지 알 수 있다. 수육을 할 때는 통삼겹이 최고인데 지방과 살이 겹겹이 붙어있어 부드럽고 맛있다. 수육은 조금 넉넉하게 삶는 것이 좋다. 삶는 과정에서 수축하기도 하고, 먹고 남더라도 냉장고에 보관했다가 김치찜이나 볶음밥 등에 두루두루 활용해도 되기 때문이다.

어릴 때 김장을 하면 엄마가 정육점에 가서 수육용 돼지고기 두 근을 사 오라고 했다. 김장을 도와준 이웃과 빙 둘러앉아 갓 만든 김치 위에 갓 삶은 수육을 얹어 먹는 맛이란, 오 마이 갓, 기가 막혔다.

여럿이 함께 어울려 신선한 재료로 금방 만들어 먹던 맛의 추억은 두고두고 기억에 남았다. 어른이 된 지금도 손님을 초대하거나 가족을 위해 요리할 때 그 기억의 조각을 하나씩 꺼내 쓰고 있다.

그래서인지 손님 초대 상에 빼놓지 않고 내는 음식도 수육이다. 단, 김치를 바로 담가 내어드릴 솜씨는 아니어서 나름의 쉬운 방법을 쓰고 있다. 묵은지나 볶은 김치를 곁들이기도 하고 때로는 싱싱한 채소로만 구성할 때도 있다. 여기에서는 김치 말고 깻잎과 양파를 곁들인 수육을 소개하려고 한다. 설거지할 일 없이 한 접시만으로 간단하게. 고기만 삶으면 나머지는 할 게 없는 흑돼지 수육을 만들어보자.

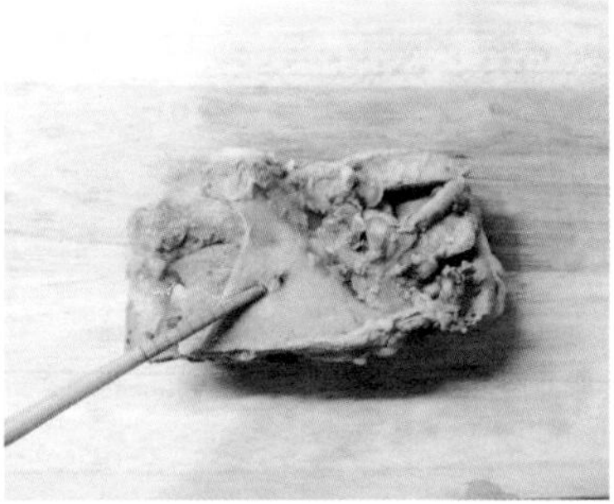

01 흑돼지 통삼겹 1근을 두 덩어리로 잘라서 냄비에 넣고 고기가 딱 잠길 만큼만 물을 붓는다. 여기에 청주 1컵과 된장 1숟가락을 풀어서 넣고 대파도 뿌리만 제거한 후 숭덩숭덩 크게 잘라 넣는다. 통후추와 마늘 몇 알을 넣어도 좋지만 없으면 생략한다.
된장과 청주가 돼지고기의 잡내를 대부분 없애주고 고기 표면에 적당하게 간이 배도록 해준다. 청주가 없으면 소주를 넣어도 괜찮다.

02 뚜껑을 덮고 센 불에서 10분 정도 삶다가 중간 불로 줄이고 30분 정도 더 삶는다. 고기가 골고루 잘 익도록 중간에 한 번 뒤집어준다. 속까지 잘 익었는지 덜 익었는지는 어떻게 알 수 있을까? 고기를 한 덩어리 꺼내서 젓가락으로 속까지 꾹 눌러보면 된다. 분홍색 핏물이 젓가락 구멍 사이로 스며 나오면 안 익은 것이니 뚜껑을 덮고 조금 더 삶는다.

03 익은 수육은 도마 위에 올려놓고 한 김 식힌 후에 가지런히 썬다. 칼이 잘 들어야 절삭 면도 깨끗하고 썰기 좋으므로 칼은 미리 갈아두는 게 좋다.

04 양파는 감자 필러로 채 쳐서 찬물에 담가 매운맛을 뺀 뒤 채소탈수기로 돌려 물기를 빼놓는다.

05 깻잎을 흐르는 물에 씻은 뒤 꼭지 부분을 한꺼번에 잡고, 여러 번 탁탁 털어서 물기를 제거한다. 이것을 둥글게 말아 꼭지는 잘라내고 얇게 채를 썰어둔다.

06 접시 바닥에 양파 채를 깔고 그 위에 수육을 썰어 가지런히 올린다. 깻잎 채도 옆에 소복하게 담는다.

07 그 위에 고기용 참소스를 골고루 뿌려내면 완성.

08 소스에 적셔진 고기 한 점에 양파와 깻잎 채를 함께 먹는다. 기호에 따라 김장김치를 곁들어 먹어도 좋다. 김치만 꺼내려다가 공기에 밥도 담게 된다지.

든든한 한 끼

main dish

갓 지은 구수한 밥에 국 한 그릇 호로록하는 기분, 뜨끈하고 얼큰한 국물에 목구멍이 시원해지는 그 황홀한 느낌을 우리는 알고 있다. 이젠 그 좋은 걸 기억 속에만 넣어두지 말고, 자주 좀 느껴보자. 영양가 있는 채소로 밥을 지어 참기름 한 방울 똑 떨어뜨린 뒤 양념에 쓱쓱 비벼 먹으면 어느새 한 그릇 뚝딱이다. 생각만 해도 땀이 나고 침이 고인다.
뭐 하고 있나. 빨리 해 먹어보지 않고.

차돌박이 된장찌개

beef brisket soybean paste stew

"고깃집에서 먹는 된장찌개는 왜 맛있을까? 집에서 먹는 것보다 색깔도 곱네? 집에서 끓인 거에 비해 건더기도 빈약한데 말이지."

비밀은 된장 때문이다. 마트에서 파는 된장을 넣으면 고깃집 찌개 맛이 나는데, 어린 시절 그걸 몰랐다 글쎄. 엄마의 다른 음식은 다 맛있는데 이상하게 된장찌개만 맛이 없다고 생각했다. 할머니 표 된장만 먹어봐서 시판용 된장의 신세계를 알지 못했던 것이다.

물론 지금은 MSG의 감칠맛과 재료 본연의 감칠맛을 구분할 수 있다. 바깥 밥과 집밥의 차이랄까. 나이가 들수록 바깥 밥보다 집밥이 좋아지는 건 어쩔 수 없다. 하지만 유독 된장찌개만큼은 색이 고왔던 고깃집 것을 먹고 싶다. 가끔 말이다.

그래서 여기에 소개하는 차돌박이 된장찌개에는 시판용 된장과 집된장을 반반 섞어 사용하기로 한다. 집밥이지만 고깃집 찌개의 감칠맛이 나는 한 끼를 만들어 먹어보자.

재료 : 차돌박이 20장, 집된장 2숟가락, 시판 찌개용 된장 2숟가락, 두부 반 모, 양파 반 개, 애호박 반 개, 마른표고 슬라이스 10개, 청양고추 1개, 대파 반 줄기, 냉이 한 줌, 달래 한 줌, 물 3~4컵

01 차돌박이를 준비한다. 차돌박이 된장찌개의 맛을 좌우하는 것은 결국 고기와 된장이다. 특히 고기만으로 육수를 낼 것이기 때문에 좋은 고기를 고른다.

* 좋은 고기는 무엇인가, 빛깔은 어때야 하나 고민하지 말고 그냥 마트에서 '냉장 한우 차돌박이' 한 팩을 집어오자. 냉동 호주산이나 미국산은 싸지만, 자칫 잡내가 날 수도 있다. 된장찌개에 들어가는 고기는 적은 양으로도 충분하니 맛있는 한 끼를 위해 우리 한우를 선택하는 거로. 등심, 안심에 비하면 가격도 착하다.

02 냄비를 달군 뒤에 차돌박이를 한 장씩 떼어 익힌다. 고기에 기름기가 많으니 따로 기름을 넣지 않아도 된다. 고기가 반 정도 익으면 집된장과 시판 찌개용 된장을 넣고 함께 볶다가 찬물을 부어 끓인다. 물 대신 쌀뜨물을 넣어도 좋다.

03 쌀뜨물은 쌀을 한 번 씻고 버린 후, 두 번째 물을 사용하도록 한다. 혹시 집된장이 없는가? 완전 고깃집 된장찌개를 먹고 싶은가? 그럼 그냥 반반 섞지 말고 시판 찌개용 된장만 넣는다. 어차피 음식은 내 입에 맞고 구하기 쉬운 재료로 해 먹는 게 더 중요하니까. 내 손으로 만들어 먹다 보면 다음에는 이걸 넣어볼까 저걸 넣어볼까 하는 때가 올 테니까. 요리하기와 친해지게 되면 남이 알려주는 레시피는 크게 중요하지 않다.

04 육수가 보글보글 끓어오르면 먹기 좋게 자른 양파와 마른표고 슬라이스를 넣어 끓이다가 호박과 청양고추를 넣는다. 마른표고 슬라이스는 연해서 따로 물에 불리지 않고 넣어도 짧은 시간에 충분히 부들부들해진다.

05 청양고추는 한 봉지를 사도 한꺼번에 사용하기 어려우니 어슷하게 썰어 냉동실에 두었다가 필요할 때마다 조금씩 꺼내 쓰면 된다. 얼마 전에는 마트에서 다진 청양고추 큐브를 본 적이 있다. 감탄했다. 이젠 매운 고추 썰다가 눈물을 흘리지 않아도 된다니.

06 두부와 대파를 넣어 다시 한번 우르르 끓이고, 냉이와 달래를 한 움큼 올려 불을 끄고 뚜껑을 덮는다. 뜸을 들이는 동안 냉이와 달래의 향긋함이 냄비 안에 가득 퍼질 것이다.

* 냉이를 손질할 때는 뿌리 부분의 흙을 잘 털어주기만 하면 된다. 물속에서 뿌리 부분을 집중적으로 흔들어서 잔여물을 제거하고 가위로 먹기 좋게 숭덩숭덩 잘라놓았다가 사용한다. 개인적으로는 냉이의 향을 좋아해서 냉이를 먹기 위해 된장찌개를 끓이는 날이 더 많다. 찌개에 풍미를 더해주는 냉이의 마법을 여러분도 꼭 경험해보길 바란다.

달래장 우엉밥

burdock rice with wild chive soy sauce

우리가 한식을 좋아하면서도 집에서 안 해 먹는 이유 중의 하나는 밥 따로, 국 따로, 반찬 따로 만들어야 한다는 생각 때문이다.

고작 한 끼 먹을 건데 밥 짓고 된장국 끓이고 고기를 볶고 나물을 무쳐서 한 상 차려내기가 버거운 것이다. 특히 나물은 좋아하는 사람만 좋아하고, 싫어하는 사람은 참 손 안 대는 반찬이라 한두 번 만들어 먹고는 포기했다가 명절 때나 가끔 삶고 무치고 볶게 되는 요리 중 하나다. 이럴 때 한 그릇으로 뚝딱 해결할 수 있는 것이 우엉밥이다.

우엉은 몸에 정말 좋은 음식 재료인데, 보통 간장에 졸여 짭조름한 반찬으로 먹다 보니 많이 먹을 일이 없다. 우엉을 밥으로 지어 먹으면 조리과정도 간단할 뿐만 아니라 한 끼를 영양가 있게 먹을 수 있어 두루두루 만족도 높은 한 접시 요리가 된다. 여기에 봄 향기 가득한 달래 장을 곁들여 비비면 그 맛은 배가 된다.

재료 : 〈우엉밥〉 쌀 2컵, 물 $1\frac{1}{2}$컵, 우엉 5개(팔뚝 길이), 버터 4조각, 쪽파 5뿌리, 소고기 다진 것 1팩(200g 정도), 간장 1숟가락, 설탕 1/2숟가락, 참기름 1숟가락(4인분 기준)
〈달래장〉 달래 한 팩, 들기름 3숟가락, 간장 4숟가락, 고춧가루 1숟가락, 참깨

01 감자 필러로 우엉껍질을 벗긴 뒤 물로 한 번 씻어낸다. 껍질을 제거한 우엉을 다시 감자 필러로 연필 깎듯 돌려가며 얇게 채 쳐 놓는다.

02 보통 밥을 지을 때는 쌀과 물의 비율을 1:1로 하면 적당하지만 콩나물밥, 우엉밥, 곤드레밥 등 쌀과 함께 다른 재료를 넣어 밥을 지을 때는 밥물을 적게 잡아야 한다. 재료 자체에서 수분이 빠져나오기도 하고 양념장을 넣어 비벼 먹어야 하므로 평소 먹는 밥보다는 약간 된 것이 좋다.

03 우엉채를 불린 쌀 위에 올린 뒤 버터 4조각을 넣고 취사 버튼을 누른다. 버터를 넣으면 밥과 우엉이 부드럽게 잘 섞이고 풍미도 깊어진다. 버터 1조각은 손가락 한 마디 정도의 크기면 된다.

* 우엉은 색이 금방 변하는데 이것은 자연스러운 현상이다. 굳이 색이 변하는 것을 방지하려고 식초 물에 담가 놓을 필요는 없다.
이쯤에서 우엉을 칼로 썰지 않아 이상하다고 여기는 사람이 있다면 이렇게 말하고 싶다. 딱딱한 우엉을 칼로 썰다가 팔 떨어진다고. 그리고 감자 필러보다 얇게 채 썰 자신도 없거니와 채 써는 방법과 상관없이 어차피 맛은 똑같다고.

04 밥 위에 올릴 소고기 고명을 만들어보자. 다진 소고기에 분량의 간장, 설탕, 참기름을 넣고 버무려 10분 정도 재운 후에 팬에 달달 볶으면 끝.

05 달래장을 만들어보자. 달래 한 팩을 흐르는 물에 잘 씻고, 흰 수염은 적당히 제거한 후 도마 위에 가지런히 올려둔다. 하얀 머리 부분은 두꺼우니 촘촘하게 칼질하고 푸른 줄기 부분은 1센티 정도로 썬다. 이것을 그릇에 담고 분량의 들기름, 간장, 고춧가루, 참깨를 넣어 섞으면 끝. 고춧가루의 양은 입맛에 맞게 가감한다. 달래가 없으면 양파, 쪽파, 부추 등도 좋다.

06 넓은 볼에 우엉밥을 담고 다진 쪽파와 소고기 고명을 올린다. 양념장을 따로 내고 원하는 만큼 넣어 비비면 완성.

* 우엉밥은 그 자리에서 다 먹는 것이 좋다. 남긴 상태로 몇 시간 지나 다음 끼니에 먹으면 처음 먹었던 맛도 아니고 냄새도 난다. 이럴 땐 차라리 먹을 만큼만 남기고 남은 밥은 다 냉동보관 하자. 낮은 용기에 우엉밥을 얇게 펴서 한 그릇 분량씩 담은 뒤에 랩을 씌워 얼려둔다. 나중에 뚜껑만 열어서 랩째로 전자레인지에 돌리면 갓 지은 밥맛을 즐길 수 있다.

부들부들
소고기미역국

soft beef seaweed soup

한 번 끓여놓고 여러 번 데워먹어도 질리지 않는 국이 미역국이다.

끓이기도 쉽고 건강에도 그만이니 예로부터 산후 보양식으로 먹었던 게 아닌가. 산후조리를 할 때 먹었던 그 맛을 잊을 수 없다. 맑고 부들부들한 미역을 후루룩 넘길 때, 목구멍을 타고 내려가는 부드럽고 시원한 맛이 그리워서 산모용 미역을 구해 먹기도 했다. 미역국을 끓이는 방법은 집집마다 다르다. 참기름에 미역을 미리 볶는 집이 있고, 물을 끓이다가 미역을 넣는 집도 있다. 마지막에 들깨를 넣는 집이 있고, 생선이나 홍합의 시원한 맛을 즐기는 집도 있다. 일반적으로 가장 편하고 맛있게 즐기는 것은 소고기미역국일 것이다. 생선이나 해산물은 아무래도 신선도에 따라 맛이 달라지기 때문이다.

씹는 질감으로 호불호가 갈리기도 한다. 어떤 사람은 후루룩 넘어가는 부드러운 미역국을 좋아하지만, 또 어떤 사람은 쫄깃하게 씹히는 질감을 좋아할 수도 있다. 미역을 얼마나 볶느냐 참기름을 넣느냐 안 넣느냐에 따라 맛과 식감이 크게 달라지므로 조리과정에서 적당히 조절한다.

재료 : 한우 국거리 400g, 건미역 3 주먹, 대파 1 주먹, 물 5컵, 참치액 3숟가락, 소금(4인분 기준)

01 건미역을 물에 담가 30분 정도 불린다. 아마 불어난 미역의 양에 놀랄 것이다. 불린 미역을 흐르는 물에 바락바락 비벼서 헹군 뒤 먹기 좋게 자른다. 도마 위에 가지런히 놓고 칼로 자르는 건 보여주기 용이고, 우리는 그냥 한 손으로 들어 올려서 가위로 아래서부터 숭숭 자른다. 칼로 자르나 가위로 자르나 모양에도 맛에도 차이가 없다. 쉽게 쉽게 하자. 그래야 자주 해먹을 수 있다.

기름기 없이 깔끔하고
부들부들한 미역국을 만들려면?

냄비를 달군 뒤에 기름을 두르지 않고 불린 미역만 넣어 달달 볶는다. 미역의 물기 때문에 기름이 없더라도 냄비에 들러붙지 않으니 안심해도 된다. 부들부들한 미역국의 포인트는 중간 불에서 오래도록 볶는 것이다. 달달달 오래 볶을수록 점점 초록빛으로 변하면서 연해지고 부드러워진다. 15분 이상 볶을 것을 추천한다. 수분이 날아가면 날아간 만큼 물을 조금씩 더 넣는다.

구수한 참기름 향이 감도는
쫄깃쫄깃 미역국을 만들려면?

냄비에 참기름 3숟가락을 두르고 불린 미역을 넣어 중간 불에서 3분 정도 살짝 볶는다. 참기름은 끓는점이 낮기 때문에 센 불로 조리하는 것은 좋지 않다. 중간 불에서 자주 뒤적이며 살살 달랜다는 기분으로 볶도록.

02 고기로만 육수 맛을 낼 것이기 때문에 한우 국거리용(양지머리 혹은 사태)으로 준비한다. 고기는 키친타월로 살짝 눌러 표면의 핏물만 제거한다.

03 볶은 미역에 고기를 넣고 또 달달달 볶는다. 고기의 겉면이 회색으로 변하고 약 반 정도 익은 듯하면 찬물을 붓고 한소끔 끓인다. 국물이 끓어오르면 기름과 불순물이 섞인 거품이 올라올 것이다. 기름과 거품은 그때그때 걷어내야 맑고 깔끔한 국물 맛을 기대할 수 있다.

04 거품을 걷어내며 10분 정도 더 끓인 뒤에 어슷하게 썬 대파를 한 주먹 넣는다. 우루루 끓어오르면 불을 줄인다.

* 결국 음식이 맛있느냐 맛없느냐는 내 입맛에 적당한 간인가 아닌가에 따라 갈린다. 아무리 좋은 재료라도 간을 맞추지 못하면 맛이 없다. 나에게 맞는 간을 조절할 수 있으면 요리에 자신감이 생긴다. 그런데도 뭔가 부족하다면? 최후의 필살기로 시판 요리 에센스를 몇 방울 떨어뜨린다. 라면 스프의 마법과 같은 효과라고나 할까. 필살기가 있는데 무엇이 걱정인가? 자신 있게 이것저것 시도하자.

05 간은 소금과 참치액으로 맞춘다. 먼저 소금을 작은 숟가락으로 1개 넣고 저어가며 맛을 본다. 아마 많이 싱거울 것이다. 이때 참치액을 1숟가락 넣고 또 맛을 본다. 그래도 아직 간이 부족할 것이다. 이때 부족한 간은 참치액으로 더할지 소금으로 더할지 스스로 생각해보자. 무엇을 넣었을 때 맛있는지. 보통 소금은 깔끔한 맛이 나고 참치액은 감칠맛이 난다. 개인적으로는 반 반 정도 넣는 편이지만, 여러분의 입맛에 맞는 것으로 조금씩 넣어가며 간을 맞춰보자. 혹시 너무 짜졌는가? 걱정할 필요 없다. 물을 조금 더 넣으면 되니까. 중요한 것은 양념의 적정량을 감각으로 알게 될 때까지 국을 계속 끓여보는 것이다.

삼색 채소 피클

three-color vegetable pickles

요즘 세상이 얼마나 좋아졌냐 하면 세상에 '피클 초'라는 것이 나왔다.

예전에는 식초, 물, 소금을 적정비율로 섞어 끓여서 배합 초를 만들었는데 말이다. 그러므로 집에서 채소 피클 만들기는 너무 쉬운데 이게 왜 요리책에 나와? 반문할지 모르겠다. 그래도 한번 읽어보면 마트에서 피클 초를 발견했을 때 장바구니에 담아올 수도 있으니까 이곳에 담아본다.

보기에도 예쁘고 다른 요리들과 곁들여 먹기에도 좋은 채소 피클을 간단하게 만들어보자.

재료 : 빨간 파프리카 1/2개, 노란 파프리카 1/2개, 오이 1개, 양배추 1/8통, 레몬 슬라이스 3조각, 피클링스파이스, 피클 초

01 껍질째 먹을 채소는 농약을 말끔히 씻어내는 게 중요하다. 베이킹소다를 물에 풀어서 오이, 파프리카, 양배추, 레몬을 담가 5분쯤 두었다가 이 물로 여러 번 빡빡 씻는다. 물을 버리고 다시 베이킹소다를 손에 묻혀 채소 표면을 비벼 닦은 뒤에 흐르는 물에 깨끗이 씻는다.

* 양배추는 생장 과정에서 농약, 해충, 이물질 등이 낄 가능성이 크다. 그러니 꼭 한 장씩 떼어서 사이사이를 깨끗하게 씻어준다.

02 파프리카는 꼭지를 떼고 하얀 속대를 제거한 뒤 한입 크기로 썬다. 오이도 한입 크기로 동그랗게 썰고, 레몬도 얇게 슬라이스 한다. 사실 레몬은 안 넣어도 되지만 넣으면 예쁘다. 예쁘면 계속 요리하고 싶어진다.

03 물기 없는 유리 용기에 썰어 놓은 재료를 켜켜이 쌓아 올리고 마지막에 피클링스파이스를 1티스푼 넣는다. 없으면 안 넣어도 괜찮다. 보통 병 절임을 할 때는 끓는 물에 유리병을 굴려서 열탕 소독을 하라고 하는데, 사실 그거 너무 귀찮아서 잘 안 하는 편이다. 그래도 지금까지 잼이든 간장 절임이든 내용물에 큰 문제가 없었다. 보관 기간을 늘리려고 소독하는 것이니 먹을 만큼만 조금씩 만들면 굳이 안 해도 괜찮다.

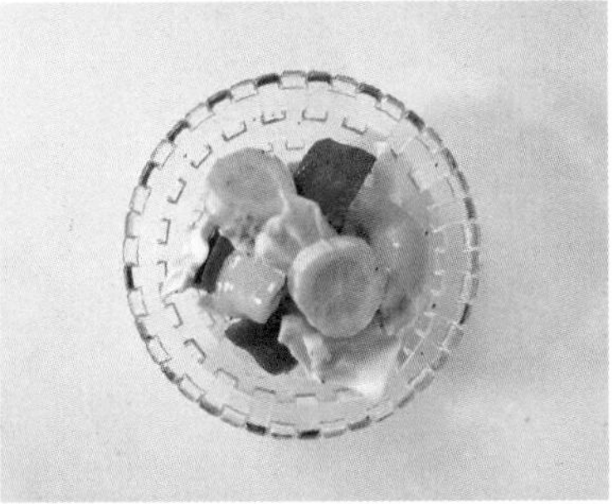

04 먼저 시판 피클 초를 용기의 반만큼 붓고 나머지 반은 생수를 부어 5:5 비율로 맞춘다. 너무 새콤한 맛이 싫다면 피클 초와 생수를 4:6 비율로 넣어도 된다. 경험상 4:6으로도 아주 새콤달콤했다.

05 실온에 둔 지 5시간쯤 후면 먹을 수 있다. 이후 냉장고에 차게 두고 조금씩 꺼내먹으면 한 달도 먹을 수 있다. 단 입에 넣었던 젓가락으로 덜어 먹지 말자. 무슨 음식이든 침이 닿으면 금방 상한다.

간단하게 한우육회

beef tartare

'평소에 한우육회를 배불리 먹을 일이 얼마나 있을까? 뷔페에나 가야? 그러나 뷔페는 한우가 아닐 것이고.'

이런 생각이 들 때가 있는지? 그렇다면 가장 확실한 방법은 직접 정육점에서 고기를 사 와서 소금, 설탕, 후추, 참기름 넣고 양념해서 먹는 것이다. 생각보다 간단해서 놀랄 거다. 방금 방법을 휘리릭 다 말해버리고 말았네. 혹시 육회를 먹다가 밥 생각이 나면? 그릇에 밥, 참기름, 고추장, 김 가루, 달걀, 새싹 채소를 넣고 남은 육회를 넣어 쓱싹쓱싹 비빈다. 근사한 육회 비빔밥까지 먹을 수 있다.

자 이제 정육점으로 고고.

재료 : 한우 꾸리살 400g, 배 1개, 달걀노른자 1개, 다진 마늘 1숟가락, 소금 1/2숟가락, 설탕 1숟가락, 참기름 1숟가락, 통후추, 잣

01 뭐니 뭐니 해도 육회용 고기는 정육점에서 바로 사 오는 것이 좋다. 숙성이 잘 된 신선한 꾸리살을 준비하면 이미 맛은 보장. 보통 고깃집에서 일반고기 1인분을 시키면 200~250g 정도 나오는 걸 생각했을 때 400g 정도를 사면 혼자 풍성하게 먹기 딱 좋다.

02 큰 볼에 분량의 다진 마늘, 소금, 설탕, 참기름, 통후추를 넣고 잘 섞은 뒤에 고기를 넣고 살살 버무린다. 위생장갑을 끼고 조물조물 버무리면 손끝에 닿는 차고 부들부들한 감촉이 느껴진다.

* 위의 양념에 간장이나 고추장을 추가하는 사람도 있던데 신선한 고기 맛을 느끼려면 깔끔하게 소금간만 하는 게 좋다. 각각의 맛이 궁금하신 분은 고기를 삼등분 해서 각각 간장과 고추장을 추가해 버무려보길 바란다. 한 접시에 삼색 육회를 각각 나누어 담아도 좋을 듯.

03 접시에 내기 전에 간을 본다. 조금 싱거우면 소금을, 단맛이 좋으면 설탕을, 고소함을 더하고 싶으면 참기름을 한두 방울 더 떨어뜨린다.

04 배는 반을 갈라 껍질과 씨를 제거하고 얇게 썬 뒤 나란히 눕혀서 다시 곱게 채 썬다. 채 썬 것은 한데 모아 끝을 잘라내어 길이를 맞춘다. 자투리는 버리지 말고 바로 입속으로.

05 넓은 접시에 배를 둥글게 돌려 깔고, 육회를 공처럼 뭉쳐서 접시 중앙에 올린다. 육회 가운데 부분을 살짝 눌러 판 다음 달걀노른자만 올린다. 마지막으로 잣을 적당히 올리면 완성.

군침 도는 쇠고기 육전

pan-fried battered beef

쇠고기를 얇게 저며서 달걀물 입혀 기름에 부친 음식, 육전. 생각만 해도 군침이 돈다.

빈대떡집, 파전집 많고 많지만, 육전 파는 곳은 많지 않다. 메뉴판에서 육전을 발견하면 글자만 보고도 저절로 군침이 고여 매번 시켜 먹곤 했다. 그때마다 고기의 두께와 양이 늘 아쉬웠다. 육회도 그렇고 육전도 그렇고, 하여튼 소고기로 만든 음식은 다 비싸다. 비싸고 양이 적어서 더 맛있게 느껴졌나 싶기도 하고.

직접 만들어 먹으면 재료비도 싸고, 요리 시간도 짧고, 만들기도 쉽다. 무엇보다 '쇠고기'니까 맛이야 최고고. 식어도 맛있으니 넉넉하게 만들어서 남은 것은 데워먹어도 좋다.

재료 : 소고기 부챗살 반 근, 찹쌀가루 반 컵, 달걀 2개, 식용유, 소금, 통후추, 새우젓

01 소고기는 정육점에 가서 육전용으로 달라고 하면 알아서 얇게 썰어준다. 대체로 고깃결이 부채모양으로 생겼다 하여 부챗살, 혹은 낙엽처럼 생겼다 하여 낙엽살이라고도 한다.

02 쟁반에 찹쌀가루를 분량의 절반만 고루 깔고 그 위에 고기를 한 장 한 장 펴 놓은 후 소금과 후추로 밑간을 한다. 다시 고기를 뒤집어서 반대 면에도 소금과 후추를 뿌린다. 새우젓에 찍어 먹어야 하니 밑간은 살짝만. 남은 절반의 찹쌀가루를 고기 위에 뿌리고 앞뒤로 뒤집어가며 잘 묻혀준다. 고기 표면에 골고루 묻혀야 달걀물이 잘 묻는다.

03 입구가 넓은 그릇에 달걀을 톡 터뜨려서 흰자와 노른자가 고루 섞이도록 젓가락으로 잘 풀어 놓는다.

04 불은 중불로 맞춘 후 기름을 두르고, 고기에 달걀물을 묻혀 한 장씩 겹치지 않게 올린다. 이때 타지 않게 불 조절에 신경 쓴다. 기본 중불로 맞춰놓고 더 약하게 줄였다가 다시 중불로 올렸다가를 반복하면 될 것이다. 하지만 태울지도 모른다는 걱정은 하지 않아도 된다. 달걀은 내용물이 타는 것을 웬만큼 방지해주기 때문이다. 그러니 너무 자주 뒤집어서 확인할 필요는 없고, 한 번만 뒤집어 익히는 게 육즙이 빠져나가지 않아 맛이 더 좋다.

05 넓은 쟁반에 키친타월을 깔고 육전을 가지런히 올려 기름기를 적당히 뺀다.

06 새우젓에 따끈한 육전을 찍어 먹는다. 새우젓 대신에 고기용 참소스나 초간장을 찍어 먹어도 좋다. 고기용 참소스는 간장, 설탕, 식초를 먹기 좋게 배합한 것으로 정육점이나 마트에서 손쉽게 구할 수 있다.

누구나 좋아하는 간장 달걀 밥

egg fried rice with soy sauce

누구나 예상할 수 있는 맛이지만 스테디셀러인 데에는 다 이유가 있다.

간장 달걀 밥은 만들기 쉽고 재료비도 싸고 맛도 있어서 누구나 좋아하지 않을 수 없는데, 음식의 포인트는 바로 간장이다. 마트에 가면 조선간장, 진간장, 국간장, 향신간장, 맛 간장, 매실 간장, 만능 간장, 청간장 등 각종 이름의 간장들이 진열되어 있다. 이 중에서 간장 달걀 밥에 들어갈 것은 바로 '달걀 간장'이다. 용기에 친절하게 달걀 그림이 붙어있으니 고르기는 어렵지 않다. 일본산 달걀 간장과 국산 달걀 간장을 둘 다 맛보았는데 큰 차이가 느껴지지는 않았다. 마음에 드는 것으로 고르자. 사실 '달걀 간장'이 없어도 진간장에 설탕과 조미료를 조금씩 넣어 만들면 되지만, 음식에 직접 뿌리거나 약간 덜어서 사용하는 것이면 용기에 들어있는 시판제품이 편하다. 소스를 만들려면 기본량이 필요한데 밥에 두 숟가락 넣으려고 일부러 만들기엔 모호한 부분이 있다. 제품 한 병 사 두면 두고두고 먹을 수 있으니 아깝지 않은 가격일 것이라는 말로 급히 마무리하고, 자 그럼 이제 만들어보자.

재료 : 밥 1공기, 달걀 1개, 날치알 1숟가락, 쪽파 약간, 통깨, 달걀 간장

01 덮밥이나 비빔밥용 밥을 지을 때는 평소보다 물의 양을 조금 적게 한다. 기본 밥물은 쌀:물=1:1의 비율인데 여기서 물을 조금만 덜어낸다는 생각으로 밥을 짓는다. 달걀프라이를 만드는 방법 중에 '써니사이드업' 이라는 것이 있다. 달걀의 한쪽 면만 살짝 익히는 것으로, 달걀프라이의 모양이 해가 뜨는 것과 같아서 붙여진 이름이다. 써니사이드업을 하는 가장 쉬운 방법은 약불에서 팬을 가열한 뒤, 기름 한 방울 두르고 서서히 바닥부터 익히다가 불을 끄고 뚜껑을 덮는 것이다. 이렇게 하면 잔열로 인해 달걀의 윗면이 살짝 익는다.

02 쪽파는 초록색의 줄기 부분만 잘게 썰어놓고, 날치알은 30분 정도 실온에서 자연해동 시킨다. 요즘엔 냉동 날치알을 큐브 형태로 파는 것이 있는데 필요한 만큼 한 개씩 쓰기 편하다. 양이 적으니 요리를 시작하기 전에 냉동실에서 꺼내놓으면 다른 재료 손질할 동안 충분히 해동될 것이다.

03 넓은 그릇에 갓 지은 밥을 담고 달걀을 올린다. 날치알을 숟가락으로 떠서 달걀 옆에 올리고 쪽파와 통깨를 뿌린다.

04 마지막으로 달걀 간장을 넣어 골고루 비빈다. 달걀 간장의 양은 1~2숟가락 정도가 적당하지만 각자 양을 조절해 입맛에 맞게 넣는다. 혹시 조금 느끼하다고 생각되면 볶은 김치나 김 가루 등을 곁들인다.

아보카도
명란 비빔밥

avocado salted pollack roe bibimbap

언제부터인가 식당에 가면 심심치 않게 볼 수 있는 메뉴다.

몇 해 전 TV에서 한 출연자가 아보카도와 명란을 넣어 뚝딱 뚝딱 비빔밥을 만들어 먹는 모습을 보았다. 도대체 저게 무슨 맛일까, 명란젓과 아보카도의 조합이라니. 꽤 신선했다. 전혀 어울릴 것 같지 않은 음식 재료들이 만나서, 맛의 상승작용이 일어나는 의외성을 경험하는 것도 요리의 또 다른 매력이 아닐까 생각했다.

사람의 인연도 마찬가지다. 지금 내 곁에 있는 사람은 평소 이상형과도 멀었을 뿐만 아니라 성격도 나와는 아주 다르다. 하지만 의외로 서로의 단점을 감싸주고, 장점은 살려주며, 잘 살고 있다. 명란의 짭조름함을 아보카도가 감싸주고, 아보카도의 느끼함을 명란이 보듬듯 말이다. 요리는 참으로 인생을 닮았다.

재료 : 저염 명란 1개, 아보카도 1/2개, 밥 1공기, 양송이버섯 1개, 달걀 1개, 새싹채소 약간, 김 가루, 참기름

01 아보카도는 껍질을 벗기고, 씨를 제거한 뒤 얇게 썬다. 잘 비벼지려면 후숙 정도에 따라 무른 것은 조금 두껍게, 딱딱한 것은 더 얇게 썬다.

02 도마 위에 저염 명란을 올려두고, 세로로 길게 껍질을 갈라 칼 등으로 알만 살살 긁어낸다.

* 요즘 나오는 저염 명란은 겉 부분에 양념이 묻어있지 않다. 예전에 명란젓이라 하면 플라스틱 통에 담긴, 고춧가루 양념이 잔뜩 묻어있고 아주 짜서 밥에 약간만 올려 먹는 정도로만 사용하던 것이었다. 요즘엔 양념하지 않고, 짜지도 않은 명란젓이 나와서 요리에 사용하기가 수월해졌다. 게다가 손질할 필요도 없이 짜서 쓰는 튜브형 제품도 나왔다. 밥해 먹기 참 좋은 세상이다.

03 팬에 참기름을 두른다. 밑동은 자르고 편으로 썬 양송이버섯을 앞뒤로 살짝만 굽다가 소금과 후추로 간한다. 너무 오래 익히면 물이 나오고 향도 사라지니 덜 익었다 싶을 만큼만 굽자. 양송이는 생으로도 먹는데 뭘.

04 달걀프라이도 하나 만들어 놓는다.

05 넓은 볼에 밥을 담고 그 위에 아보카도, 달걀프라이, 명란을 소담하게 올린다. 김 가루와 새싹채소도 보기 좋게 올리고, 마지막으로 참기름을 뿌려 완성한다. 명란만으로도 간이 잘 맞겠지만 조금 부족하다 싶으면 달걀 간장(144쪽 간장 달걀 밥 참조)을 살짝 넣어준다.

문어 유자 초회

octopus sashimi with citron

삶은 문어 맛있는 것이야 다 아는 사실이고. 그런데 왜 식탁에는 자주 올리지 못할까?

사실, 통 문어는 비싼 데다가 야들야들하게 삶는 기술도 필요하고 얇게 저미려면 칼도 잘 들어야 하기 때문이다. 칼이 잘 들지 않으면 문어를 가지런히 썰 수 없다. 가위로 숭덩숭덩 썰자니 식당에서 본 게 있어 비주얼이 영 맘에 들지 않는다. 하지만 이 모든 걱정은 자숙문어 한 팩이 해결해준다. 맛있게 삶은 뒤 얇게 저며서 한 접시 분량만큼 진공 포장된 제품을 사용하면 되니까. 퇴근 후 몸은 지치지만 그래도 나를 위한 한 접시를 만들어 먹겠다는 기특한 생각을 하고 있는데, 문어를 삶고 잘라야 한다면 주부 백 단이라도 당연히 힘 빠지지. 요리는 쉽고 만만하되 맛과 모양의 만족도도 높아야 한다. 그래야 자주 해 먹게 될 테니까.

해산물과 잘 어울리는 허브는 '딜'이다. 딜의 은은함이 해산물의 비릿함을 잡아준다. 하지만 딜이 없다고 문어 초회 못 만들어 먹나. 불린 미역이나 양파 채를 곁들여도 훌륭하다.

재료 : 슬라이스 자숙문어 1팩, 딜 조금, 바질 조금, 레몬 슬라이스 2개, 유자청 1숟가락, 식초 1/2숟가락, 간장 1/2숟가락

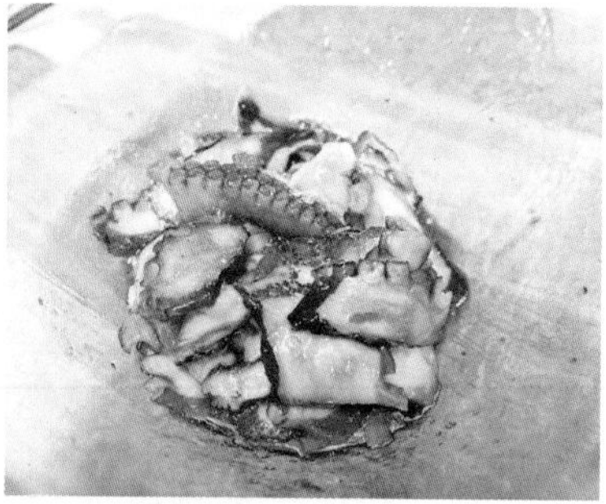

01 슬라이스 자숙문어는 키친타월로 물기를 제거한다. 냉동상태라면 비닐째 앞뒤로 몇 번 휘어서 붙어있는 슬라이스들을 느슨하게 해 준 다음 자연해동 시켜서 한 장씩 살살 뗀다.

02 볼에 분량의 유자청, 식초, 간장을 넣어 섞은 뒤 문어를 넣고 버무려서 냉장실에 20분 정도 차게 재워둔다. 한 점 먹어보고 싱거우면 간장을 좀 더 추가한다.

03 레몬 슬라이스 2장을 접시에 깔고, 바질 잎도 바닥에 동그랗게 깐다. 바질이 없으면 냉장고 속 쌈 채소, 불린 미역, 양파 채 등을 깔아도 된다.

04 이 위에 재워둔 문어를 건져서 얌전히 올린다. 문어의 형태 감이 살아있는 몇 점을 골라 중앙에 세우듯이 올려보자.

05 마지막으로 문어 위에 딜을 올려 장식하면 완성. 딜은 찬물에 담갔다가 키친타월 위에서 톡톡 물기를 제거한 뒤 잎만 떼어서 사용한다.

06 먹을 때는 바닥에 있는 레몬 슬라이스를 젓가락으로 톡톡 눌러 즙이 나오게 해서 모든 재료를 골고루 섞어서 먹자. 바질과 딜과 유자 향 가득한 문어 한 점이 입안에서 상큼하게 어우러지도록.

오징어 쪽파 파스타

squid chives pasta

어릴 때는 좋아하지 않았는데 나이 들면서 좋아하게 된 어른 음식이 있다. '파'가 그렇다. 파의 참맛을 느끼게 되면서 '나도 이제 어른이구나' 생각했다. 어릴 때는 조급함이 지나쳐 일어나지도 않을 일을, 미리 걱정한 나머지 금방 포기하거나 괴로워했다. 나이가 들면서 현실에 휘둘리지 않고, 한발짝 물러나 시간을 두고 지켜보게 되었다. 그사이 일이 자연스럽게 해결되거나, 우려했던 일까지 일어나는 경우는 드물다는 것을 깨달았다. 파는 아예 빼놓고 먹었던 기피 음식이었는데, 음식 전체의 향을 돋우고 씹을수록 단맛을 주는 일등 공신이었다니. 파를 좋아하게 된 후에야 파와 인생의 상관관계를 말할 수 있는 어른이 되었다. 아무튼, 거의 모든 음식에 빠지지 않는 약방의 감초 '파'는 특유의 단맛, 향, 식감 덕분에 지금은 가장 좋아하는 음식 재료 중 하나다. 파가 주연인 음식을 떠올려보니 파김치, 파전 이외에는 딱히 떠오르지 않는다. 안타까운 일이다. 파가 얼마나 맛있는지, 한식뿐만 아니라 파스타에는 얼마나 잘 어울리는지, 게다가 뚝딱뚝딱 만들기는 얼마나 쉬운지 알리고 싶은 마음이 부풀어 오른다.

재료 : 오징어 1마리, 쪽파 2줌, 마늘 5알, 페페론치노 약간, 파스타면 1인분, 올리브 절임 3알, 올리브유, 소금, 통후추

01 생물 오징어는 내장을 제거하고, 물로 깨끗이 씻은 다음에 링으로 썬다. 마트에서 내장을 제거한 오징어를 사거나, 생선가게에서 미리 손질해오면 좋다. 냉동 손질된 절단 오징어는 향이 약하니 되도록 생물을 사용하자.

02 끓는 물에 오징어를 넣고 10초만 데친다. 너무 오래 데치면 질겨진다. 어차피 팬에서 다시 볶을 것이기 때문에 반만 익힌다는 마음으로 살짝 넣었다가 건진 후 물기를 뺀다.

이렇게 데쳐서 사용하면 파스타에 물이 생기는 것을 방지할 수 있고 비린 맛도 제거된다. 간혹 데친 오징어를 다시 찬물에 헹구는 경우를 보았는데 그렇게 하면 오징어의 향이 반감된다. 음식은 맛만큼이나 재료 고유의 향도 중요하니 물에 헹구지 말자.

03 잘 씻어서 물기를 털어낸 쪽파를 흰 부분과 녹색 부분이 나뉘게 삼 등분 한다. 두께가 있는 흰 부분만 먼저 팬에 볶아야 하니.

04 마늘은 꼭지를 제거하고 편으로 썰어 놓는다.

* 쪽파는 깨끗하게 손질된 것을 사 온다. 흙 쪽파 1단을 손에 들었다가도 한 뿌리씩 다듬을 생각을 하면 '아이 귀찮아, 아예 안 사고 말지' 하고 내려놓게 되는 게 사람 마음. 그러니 가지런히 손질된 쪽파를 소량 사서 쓰자. 쪽파가 없으면 대파를 사용해도 괜찮다.

05 팬을 달구고 올리브유를 두른 뒤 중간 불에서 마늘을 달래듯이 볶는다. 여기에 페페론치노를 손바닥으로 눌러 부수어 넣는다. 덜 매운 것을 원하면 부수지 말고 통으로 넣는다. 이제 파의 흰 부분을 넣고 볶다가 어느 정도 익으면 데친 오징어, 파의 녹색 부분, 올리브 절임을 넣고 볶는다.

06 여기에 소금을 한 꼬집 넣어 간을 맞춘다. 소금으로 간할 때는 처음부터 많이 넣지 말고, 조금씩 넣으며 맛을 보고 조절한다. 소금의 양을 활자로 옮기는 나도 답답하다. 아, 직접 보여줄 수도 없고. 결국 소금의 적정량은 자신만 알 수 있는 것. 여러 번 만들어보며 각자의 레시피를 찾아가는 여정을 즐길 수밖에.

07 이제 삶은 면을 넣어 같이 볶을 차례다. 조리를 시작할 때 옆에서는 면 삶을 물을 끓이고 있어야 한다. 그래야 면을 삶아 바로 건져서 오징어와 쪽파를 볶고 있던 팬에 넣을 수 있다.

08 면부터 삶아보자. 1인분은 얼마나 될까? 엄지와 검지로 링을 만들었을 때 링 안에 잡힐 만큼이다. 생각보다 적게 느껴질 것이다. 보통 레스토랑에서 파는 파스타 면의 양도 대략 이 정도이다. 이것을 끓는 물에 펼쳐서 넣고 윗부분을 살살 눌러 물에 완전히 잠기게 한다. 물을 넉넉하게 잡아서 면들이 서로 붙지 않도록 6~8분 동안 휘저어가며 삶는다. 면이 잘 익었는지는 건져서 먹어보는 게 최고다. 팬에 한 번 더 볶아야 하니 흐물흐물해질 때까지 놔두지 말자. 심이 살짝 살아 있는 정도(알텐데)가 좋다.

09 면이 더해지면서 올리브유가 부족하거나 간이 약해졌을 수 있다. 입맛에 따라 소금과 올리브유를 살짝 추가해주고, 모든 재료가 어우러지게 1분 정도 더 볶는다.

10 면을 집게로 돌돌 말아 봉긋하게 올려서 접시에 그대로 옮긴다. 오징어도 하나씩 보기 좋게 올린다. 면이 접시에 푹 퍼져있는 것보다는 긴장감 있게 세워놓은 것이 더 먹음직스러워 보인다. 마지막으로 통후추를 갈아서 뿌린 뒤에 새싹 채소가 있으면 올려서 장식한다. 새싹 채소 대신 깻잎을 잘게 다지거나 파슬리가루를 뿌려내도 괜찮다.

토마토 홍합스튜

tomato shellfish stew

크리스마스에 먹고 싶은 음식이 뭐냐고 물으면, 난 항상 토마토 홍합스튜! 를 외친다.

추운 겨울이 오면 꽁꽁 언 몸을 녹여주는 얼큰하고 뜨끈한 국물 요리가 그리워지는 법. 그렇다고 크리스마스에 생태탕이나 대구탕을 먹기엔 분위기가 영 나지 않으니 말이다. 이 요리는 크리스마스 홈파티 식탁에 어울리면서, 빵을 적셔 먹으면 속까지 든든해지는, 얼큰하고 시원한 국물 요리로 그만이다.

재료 : 홍합 한 봉지, 토마토(大) 1개, 셀러리 2줄기, 양파 1/2개, 마늘 5개, 레몬 1/4개, 페페론치노 10개, 월계수 잎 5장, 통후추, 소금, 시판 토마토소스 1병, 올리브유, 화이트와인 2컵

01 홍합은 맛도 좋고 가격도 저렴한 해산물이다. 마트 수산물코너에 가면 봉지나 망에 넣어 파는 홍합을 볼 수 있다. 이를 찬물에 담가 바락바락 비벼서 여러 번 헹군다. 삐져나온 홍합 수염은 손으로 잡아당겨 제거하고 채반에 담아 물기를 빼놓는다.

02 마늘, 양파, 셀러리, 토마토를 먹기 좋게 다져놓는다. 나중에 숟가락으로 국물과 함께 떠먹을 것이기 때문에 떠먹기 좋은 크기면 된다. 사실 재료의 크기라는 것이 음식의 맛을 크게 좌우하지는 않는다. 넣고 안 넣고의 차이는 있지만, 크기가 작고 크고는 문제 되지 않으니 고민 말고 원하는 크기로 썰어보자.

03 냄비에 올리브유를 두르고 다진 마늘을 볶다가 페페론치노를 넣는다. 좀 더 매운맛을 원하면 손으로 부수어 넣는다. 여기에 양파와 셀러리 다진 것을 넣고 볶다가 토마토를 넣는다. 토마토의 수분이 빠져나와 자작자작해지면 시판 스파게티용 토마토소스 1병을 넣고 끓인다.

04 여기에 물기를 뺀 홍합을 껍질째 넣은 다음 화이트와인을 붓는다. 화이트와인은 마트에서 요리용으로 저렴한 것을 사면 되고 없으면 청주나 맛술을 넣고, 그마저도 없으면 먹다 남은 소주를 넣는다. 알코올이 날아가면서 홍합의 비린 맛과 잡내를 없애주니 집에 있는 적당한 술을 넣어주면 된다.

05 마지막으로 월계수 잎을 넣고 향을 낸다. 건 타임이나 건 바질을 넣어도 된다. 은은한 허브향이 확실히 크리스마스 파티 음식의 분위기를 더해주지만 안 넣어도 크게 상관은 없다. 싱거우면 소금 살짝 넣고.

06 홍합의 입이 벌어지면 익은 것이다. 너무 많이 익히면 홍합살이 질겨지고 쪼그라든다. 탱탱하게 부풀어 오른 살을 쏙쏙 빼먹는 맛이 일품이니 홍합살 씹는 즐거움을 포기하지 말자. 과감하게 불을 끄도록.

07 밑이 움푹한 접시에 홍합을 가지런히 담고 국자로 다진 채소와 국물을 뜬다. 마지막으로 통후추를 갈아 넣고, 먹기 직전 레몬즙을 뿌린다. 레몬즙은 국물 맛에 상큼함을 더해줄 것이다.

08 토마토 홍합스튜는 빵에 적셔 먹어도 별미다. 치아바타, 바게트, 호밀빵 등 달지 않은 빵을 곁들이면 한 끼 식사로도 훌륭하다.

크림 수프
채끝등심
sirloin steake wit am soup

사실 고기 요리는 고기 자체가 좋으면 소금만 찍어 먹어도 맛있다.

고기 말고 뭐 다른 게 필요할까 싶지만, 곁들임 재료를 이용해 한 번의 수고로움을 더해주면 더 근사하고 풍성한 한 접시 요리가 탄생한다. 시판 크림소스와 각종 병 제품 등을 곁들여서 간단하지만 먹음직스러운 플레이팅을 해 보자.

병조림 제품에는 선 드라이드 토마토, 올리브, 민트젤리, 홀머스터드, 바질페스토 그리고 드레싱용 소스 등 종류도 다양하다. 장을 보러 갈 때마다 용도를 천천히 살펴보면서 한 병, 한 병 갖춰보자. 오래 보관할 수 있으니 당장 먹지 않아도 집에 두면 각종 요리에 맞게 골라 곁들일 수 있다. 병조림 제품들은 고기나 생선 등 주재료를 돋보이게 하는 약방의 감초 역할을 한다.

재료 : 두께 2~3cm의 채끝등심 1조각, 시판 크림 수프 1봉, 브로콜리 약간, 레몬 슬라이스 2개, 새싹채소 한 줌, 바질페스토, 민트젤리, 홀머스터드, 선 드라이드 토마토, 파르메산 치즈, 올리브유, 소금, 통후추

01 채끝등심은 앞뒤로 올리브유, 소금, 후추를 약간씩만 뿌려서 랩을 씌운 뒤 30분간 냉장 보관한다.

02 시판 크림 수프를 끓일 때는 물보다 우유를 넣는 것이 더 고소하고 맛있다. 숟가락으로 떠먹을 게 아니므로 봉지에 적혀있는 조리법보다 우유의 양을 좀 적게 해서 되직하게 끓여놓는다.

* 여기에 브로콜리를 잘게 다져서 넣으면 브로콜리 크림 수프가 되고, 양송이를 다져 넣으면 양송이크림 수프가 된다. 냉장고에 남아있는 채소와 버섯 약간으로 인스턴트지만 수제 느낌이 나는 특별한 크림 수프를 만들 수 있다.

03 냉장고에서 고기를 꺼내어 뜨겁게 달군 팬에 굽는다. 고기에 올리브유가 묻어있기 때문에 굳이 팬에 기름을 두를 필요는 없다. 바닥 면이 노릇노릇하게 익으면 뒤집어서 똑같이 익혀주고, 옆면도 집게로 세워서 익혀준다. 고기를 구울 때는 굽는 데만 집중하자. 몇 분 정도면 갈색으로 변하는지도 살펴보고, 너무 자주 뒤집으면 맛있는 육즙이 밖으로 흘러나오므로 센 불에 바싹 익혀서 육즙을 가둔다는 느낌을 느껴보자. 고기 두께에 따라 다르지만 겉은 잘 익고 속은 살짝 덜 익은 촉촉한 상태로 구우려면 3cm 두께의 고기일 경우 앞뒤로 각 3분, 양옆으로 각 1분 정도가 적당하다.

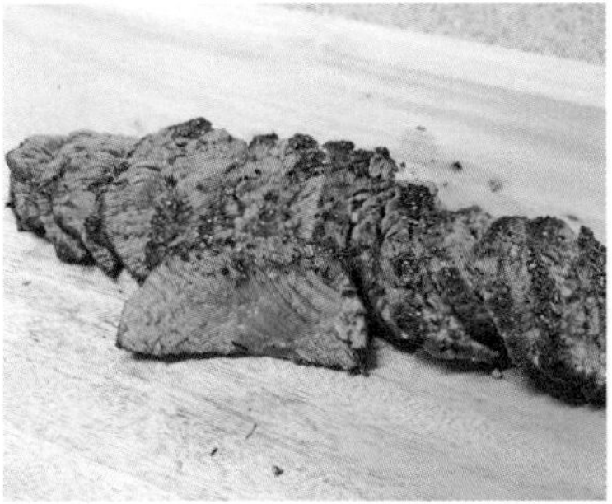

04 구운 고기는 뚜껑을 덮어 레스팅 과정을 거친 뒤에 꺼내 한입 크기로 어슷하게 썰어둔다. (86쪽 한우 등심 스테이크 참조).

05 넓은 접시 가운데 새싹채소를 깔고, 그 위에 썰어 둔 채끝등심을 가지런히 올린다. 접시의 반쪽에만 크림 수프를 국자로 떠서 살살 붓는다. 너무 많이 담지는 말고, 고기를 찍어 먹는다는 느낌으로 바닥을 살짝 적실 정도가 좋다.

06 접시의 나머지 반쪽에는 선 드라이드 토마토, 민트 젤리, 홀머스타드를 작은 숟가락으로 한 번씩 떠서 올린다. 붉은색과 녹색, 노란색이 어우러질 뿐만 아니라 단맛, 신맛, 짠맛이 어우러져서 다양한 맛을 즐길 수 있다.

07 마지막으로 고기 위에 바질페스토를 약간만 올리고 파르메산 치즈를 갈아 올린다. 느끼한 맛이 싫다면 치즈는 생략한다. 고기 옆에 레몬 슬라이스 두 조각을 얹어내면 완성.

* 레몬 슬라이스가 굳이 필요한 것은 아니다. 하지만 포크로 고기를 찍은 다음 레몬 슬라이스에 톡톡 눌렀다가 입에 넣으면, 미세하게 감도는 새콤함이 느끼함을 잡아주고 입맛을 돋운다.

뚝딱 손쉽게 보양 옻닭

health food - sumac chicken soup

"크으. 보약 한 사발 마신 거 같네."

식구들이 옻닭 먹고 하는 말이다. 한약을 달인 듯 갈색의 말간 국물에 찹쌀밥과 찢은 닭살을 올려 먹으면, 몸이 더워지고 땀이 나다가 이내 개운해진다.

보양식으로 불리는 '옻닭'은 간단히 말해 옻나무를 넣어서 끓인 삼계탕이다. 옻나무는 약재로 쓰이는데 효능만큼이나 특유의 독성이 있어서 잘못 먹으면 알레르기 반응이 일어난다. 요즘엔 독성을 제거하고 유효성분만 농축시킨 옻 발효액이 나와 있으니 집에서도 손쉽게 옻닭을 만들 수 있다. 당연히 옻오를 걱정 없이 누구나 먹어도 된다. 옻 발효액은 인터넷 장보기로 편하게 주문하면 되고, 물과 발효액을 반 반 넣어서 끓이면 된다. 굳이 나가서 비싸게 사 먹을 필요가 없다. 물론 공기 좋고 물 좋은 곳으로 가서 뜨끈한 옻닭 한 마리 뜯는 맛이야 신선놀음이겠지만 매일 그럴 수는 노릇. 건강을 보하는 음식을 특별히 시간 내어 먹으러 가야지 생각만 할 게 아니라, 일상에서 자주 뚝딱 만들어 먹을 수 있기를 바란다.

재료 : 토종닭 1마리, 약재(삼계탕용 포장팩) 1봉지, 옻 발효액 1ℓ, 마늘 10개, 대파 2뿌리, 소금, 후추(4인분 기준)

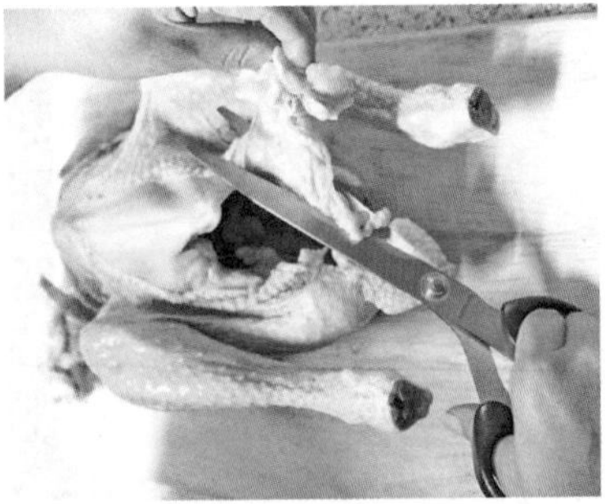

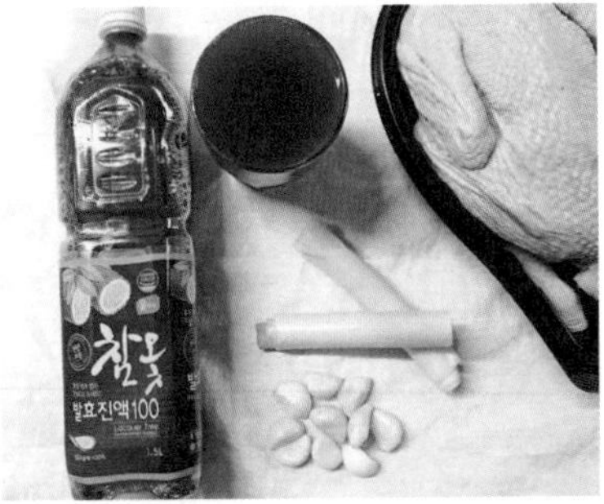

01 토종닭의 지방 부위를 제거한다. 지방은 주로 엉덩이, 옆구리 등에 노란 기름 덩어리 형태로 많이 붙어있다. 이를 한 손으로 잡고 가위로 잘라내면 편리하다.
닭 껍질은 기호에 따라 벗기지 않아도 되지만, 여기서는 깔끔하고 맑은 국물을 내기 위해 제거했다. 살과 껍질은 잘 분리되므로 벗기는 것이 어렵진 않다. 완전히 다 제거할 필요는 없고, 날개처럼 벗기기 힘든 부위는 그냥 둔다.

* '토종닭'은 일반적인 백숙용 닭보다 크기도 크고 살이 쫄깃하며 지방도 적다. 국내 유명 닭고기 브랜드에서도 토종닭이 나오는데, 좋은 점은 팩 안에 삼계탕용 약재 한 봉지가 들어있다는 것. 일반 백숙용 닭을 사용해도 좋지만, 토종닭보다는 작아서 한 마리로 진한 국물을 내기엔 조금 아쉬울 것이다. 쫄깃한 토종닭 한 마리냐, 부드럽고 연한 백숙용 닭 두 마리냐는 여러분의 입맛에 맞게 선택하면 된다.

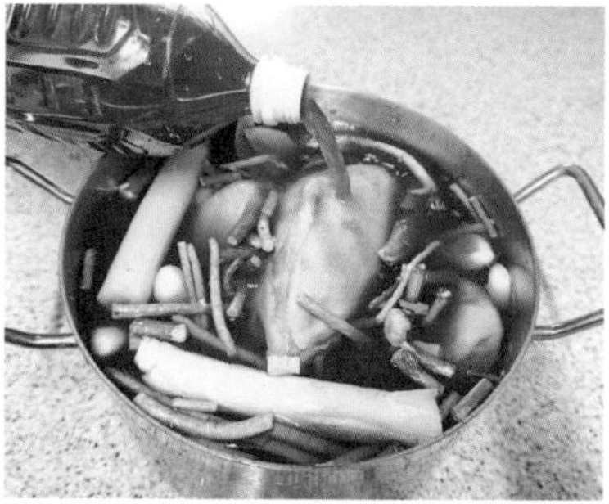

02 손질한 닭은 흐르는 물에 깨끗이 헹궈서 큰 냄비에 넣고, 물 1ℓ 와 옻 발효액 1ℓ 를 붓는다. 냄비의 크기는 적어도 3ℓ 이상이 좋다. 냄비 안에 마늘 10알, 대파 한 뿌리, 약재 1봉지를 모두 넣고 불을 켠 뒤 30분가량 팔팔 끓인다.

03 냄비가 끓을 동안 찹쌀밥을 짓는다. 찹쌀과 물을 1:1로 해서 취사 버튼 누르면 끝.

* 옻닭이나 삼계탕은 찹쌀과 궁합이 맞다. 삼계탕집에서는 생닭의 뱃속에 불려놓은 찹쌀과 밤, 대추 등을 넣어 함께 끓이는데 사실 이것도 귀찮은 일이다. 찹쌀 불려야지, 뱃속에 넣어야지, 안 터지게 이쑤시개 등으로 막거나 닭 다리를 포개어 단단히 고정해 놔야지. 아우, 안 하고 만다고? 그러지 말고 그냥 평소처럼 전기밥솥에 찹쌀을 불려 밥을 하자.

04 취사 버튼 눌러놓고 다시 탕으로 돌아와서, 어느 정도 끓였으면 불을 줄이고 뭉근하게 다시 30분을 끓인다. 갈색의 옻 발효액 때문에 닭의 표면도 점점 갈색으로 변할 것이다. 거뭇거뭇 맛없게 생겼다고 실망하지 말고 중간에 집게로 한 번 뒤집어준다.

05 닭은 꺼내어 한 김 식히고, 체를 받쳐서 각종 건더기와 닭기름을 걸러 맑은 국물만 따라낸다. 냄비를 한 번 씻어서 국물을 다시 붓되, 밑바닥에 가라앉은 불순물들이 들어가지 않도록 윗물만 조심조심 따른다. 이것을 다시 한소끔 끓이면서 위로 올라온 거품과 기름기 등을 한 번 더 떠내면 맑은 국물만 얻을 수 있다. 여기에 소금과 후추를 넣어 최소한의 기본 간만 해둔다.

06 한 김 식혀놓은 닭은 비닐장갑을 끼고 살을 쭉쭉 찢어놓는다. 이렇게 하면 먹으면서 일일이 살을 발라내야 하는 번거로움이 없어서 편하고, 찢어놓은 닭고기를 고명처럼 얌전히 올려놓을 수도 있어서 플레이팅 하기에도 좋다.

07 대파 한 뿌리를 5cm 길이로 잘라 세로로 길게 채 썬 뒤에 찬물이나 얼음물에 몇 분간 담근다. 이렇게 하면 건져냈을 때 탱탱하고 꼬불꼬불해져 고명으로 얹으면 모양이 예쁘다. 길게 채로 써는 이유는 찢어놓은 닭살과 모양 결을 비슷하게 하기 위해서다. 그러므로 채 써는 게 귀찮으면 그냥 링으로 잘게 썰어도 괜찮고 그것도 귀찮으면 먹기 직전 가위로 잘게 잘라도 무방하다.

08 그릇에 찹쌀밥을 담고 그 위에 찢어놓은 닭살을 올린다. 닭살 위에 소복하게 파채를 올린 후 국물을 국자로 떠서 얌전히 밥 위에 붓는다.

09 소금과 후추는 따로 준비해서 각자 간을 맞춰서 먹도록 한다.

퇴근 후, 한 접시 요리

초판1쇄 인쇄 2019년 07월 19일
초판1쇄 발행 2019년 07월 29일

지은이 김수진
펴낸이 최병윤
펴낸곳 리얼북스
출판등록 2013년 7월 24일 제315-2013-000042호
주소 서울시 서대문구 증가로30길 29-2
전화 02-334-4045 팩스 02-334-4046

종이 일문지업
인쇄 수이북스

ISBN 979-11-86173-65-7 10590
가격 13,500원

이 도서의 국립중앙도서관 출판예정도서목록(CIP)은 서지정보유통지원시스템 홈페이지(http://seoji.nl.go.kr)와 국가자료종합목록 구축시스템(http://kolis-net.nl.go.kr)에서 이용하실 수 있습니다.
(CIP제어번호 : CIP2019023484)

독자 여러분의 소중한 원고를 기다립니다(rbbooks@naver.com).